레이저 응용 기술

마스하라 히로시 외 12인 편저
과학나눔연구회 정해상 편역

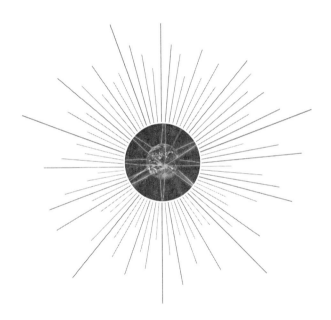

 일진사

▎머리말

레이저 광은 일반 광원의 빛과는 본질적으로 다른 거대하고 치밀한 양면성을 갖는 양자적 에너지를 얻을 수 있어 이상(理想)적인 에너지원이 될 수 있다. 그러므로 레이저 광은 광통신 분야에서부터 계측, 정보처리, 화학에의 응용, 핵융합, 가공 기술, 의료 등 예상을 초월하는 폭넓은 영역으로 응용이 전개되고 있다. 특히 유기·고분자 재료가 우수한 기능 재료로 활용되는 요즈음 유기·고분자 재료와 레이저 응용 기술의 관련은 더욱 더 밀접해 질 것으로 믿어진다.

하지만 레이저 광을 이용하는 실험은 유기화학이나 고분자화학 분야에서 그 필요성은 공감하면서도 익숙하게 다루어지고 있지 않는 것도 사실이다.

이와 같은 현실을 감안하여 본서는 대학원 코스의 초심자급이 이해할 수 있을 정도로, 평이하지만 가능한 한 실천적인 내용이 될 수 있도록 유의하여 각 장 모두 원리와 특징, 실험 방법과 그 구체적인 예, 장래 전망 순으로 기초적인 관점에서 해설을 시도했다.

본서가 유기·고분자 재료의 기초 및 응용 연구나 관련되는 분들에게 레이저 응용 기술에 관한 실천적인 참고서가 되기를 기원한다.

저자 씀

차 례

제 3 부
고분자 고체의 해석

제 4 부
정보기술 분야의 이용

제 1 부

서 론

레이저의 발진 원리

1960년에 처음 레이저 발진에 성공한 이후 약 반세기 정도가 경과하였고, 이제 레이저는 광학, 분광학, 계측학뿐만 아니라 물성물리, 화학, 일렉트로닉스, 통신, 정보처리, 재료에서 에너지, 의학, 생명과학, 환경 분야에까지 침투했다. 그리고 그 파급 속도는 참으로 놀라울 정도이다. 바야흐로 레이저에 의한 광산업 사회로 접어들고 있으며, 레이저를 구사한 유기 재료, 고분자 재료의 연구도 앞으로 더욱 활기를 띨 것으로 예측된다.

레이저가 이처럼 관심을 끄는 것은 이전까지의 빛의 개념을 넘어선 새로운 빛을 발생하기 때문이다. 이 장에서는 먼저 레이저의 발진 원리부터 다루기로 하겠다.

레이저는 두 장의 반사 거울 사이에 레이저 매질 (medium)이 있고, 그 매질의 전자상태에 반전분포를 일으키는 펌핑 (pumping)원이 들어 있다.

레이저 매질로는 기체상, 액체상, 고체상이 모두 쓰이며, 레이저 매질 속의 원자, 분자를 펌핑원에 의해서 광들뜸, 방전 들뜨게 한다. 전자 상태 간의 에너지 간격은 실온 (室溫)의 열에너지보다 훨씬 크므로 열평형 상태에서는 압도적으로 기저 상태 (ground state)로 존재하고 있다. 강력한 펌핑원에 의한 들뜸의 결과 들뜬상태의 분포수를 기저 상태의 분포수보다 많게 할 수 있다. 이것을 반전 분포 혹은 음의 온도 분포라고 한다.

일반적으로 분자계와 광전자기장이 상호 작용할 때, 빛을 흡수하여 들뜬상태로 옮겨가는 확률과 들뜬상태가 빛의 전자기장에 유도되어 빛을 방출하는 확률은 같다. 따라서 반전 분포를 하고 있는 계로부터 광전기장에 유도되어 광자(photon)가 연속 방출된다.

초기에 자연 방출된 광자 중에서 마주 놓인 반사 거울 방향으로 진행한 빛은 연속 광방출을 유도하면서 진행하고, 반사 거울에서 원래의 방향으로 돌아와 광자수를 더욱 늘리게 된다. 즉, 광공진기 속에서 증폭된다.

한편, 반사경 이외의 방향으로 진행한 빛은 원래의 방향으로 돌아오지 않으므로 실질적으로 무시할 수 있으며, 광공진기의 축방향으로만 광강도가 증가한다. 이것이 레이저 발진의 원리이다.

이와 같은 발진 원리에 의해서 발생하는 레이저광은 코히어런트(coherent)한 위상이 일치된 파동의 집합이다. 그 결과로 다음과 같은 우수한 성질을 갖는다.

① 지향성이 좋다. 달까지 뻗어도 1 km 정도 밖에 확산되지 않는다.

② 단색성이 좋다. 스펙트럼(spectrum) 폭이 매우 좁기 때문에 분자의 진동 상태, 회전 상태를 선택 들뜨게 할 수도 있다.

③ 펄스폭이 짧다. 10 펨토(femto ; 10^{-14})초 이하의 레이저 펄스가 발진 가능하고, 양자역학의 불확정성 원리에 유래하는 시간적 트릿함이 문제가 될 때까지 가능하다.

④ 에너지 밀도가 높다. 증폭함으로써 30 kJ까지도 높일 수 있고, 이것을 집광시켜서 원자핵 반응을 유기할 수도 있다.

대표적인 레이저를 표 1-1에 정리하였으나, 이 밖에도 많은 종류의 레이저가 있으므로 상세한 것은 다른 전문 도서를 참고하기 바란다 (마스하라 히로시/오사카대학 공학부).

표 1-1 대표적인 레이저의 성능

종 류	상 태	발진파장	발진형태	출 력
He-Ne	기체	632.8 nm	연속	0.5~100 mW
Ar^+	기체	488	연속, 펄스	-
CO_2	기체	10,600	연속, 펄스	10 mW~MW
XeF^*	기체	351	펄스	수 100 mJ/펄스
$XeCl^*$	기체	308	펄스	수 100 mJ/펄스
KrF^*	기체	248	펄스	수 100 mJ/펄스
ArF^*	기체	193	펄스	수 100 mJ/펄스
루비	고체	694.3	펄스	수 J/펄스
Nd^{3+} : YAG	고체	1,064	연속, 펄스	100 W
$GaAs^{**}$	고체	810~870	연속	10 mW
$InGaAs^{**}$	고체	1,000~1,700	연속	-
색소	액체	근자외~적외	연속, 펄스	3 W

* 액시머 레이저, ** 반도체 레이저

레이저로 무엇이 가능한가

2·1 높은 출력에 주목하자

보통 고분자는 모노머 (monomer)의 반복이므로 많은 광흡수 분자가 집합체를 형성하고 있다고 볼 수 있다. 따라서 높은 출력의 레이저로 고분자를 들뜨게 하는 것은 다광자 (多光子)로 다분자 반응을 일으키고 있는 셈이다. 이 경우 보통 저출력의 광원에 의한 광화학 과정과는 본질적으로 다른 거동을 나타내는 바가 많은데, 이것을 이해하기 쉽게 모식적으로 정리한 것이 그림 2-1이다. 단위 면적, 단위 시간당의 광자수를 x축에, 분자 집합수를 y축에, 이때의 반응량을 z축에 기록한다. xz면은 1분자 반응의 광자수 의존성을 나타내고 있다. 1광자 화학의 반응량은 광자수의 증가와 더불어 증가하여 결국에는 포화하지만 다광자화학의 반응량은 급격하게 증가한다. 고립분자계인 기체상과 희박 용액계의 레이저 화학이 이에 해당하며, 상태 선택의 화학과 초고속 현상의 화학으로서 폭넓게 연구되고 있다.

한편, 고분자, 미셀 (micelle), 베시클, LB막, 각종 재료 등 분자집합체의 저밀도 들뜬 광화학은 yz면에 표시된다. 이 다분자 1광자 화학의 반응량은 분자 집합수가 증가함에 따라 급증하는데, 녹색 식물의 광합성 유닛의 반응 중심은 이 한 예이다.

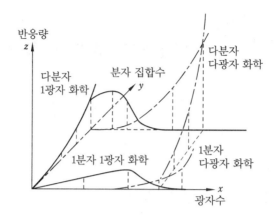

그림 2-1 **광화학의 일반적 분류**

현재까지 연구된 광화학의 대부분은 xz면, 혹은 yz면의 현상이었지만 높은 출력의 레이저로 고분자를 들뜨게 하는 케이스는 x도 y도 모두 큰 값을 취하는 영역에 해당된다. 즉, 이 다분자 다광자 화학이야말로 고분자의 레이저 화학이다. 이 화학현상은 비평형상태에 있으며, 플라즈마 상태인지도 모른다. 들뜬상태, 이온상태, 열적으로 뜨거운 사이트, 구조의 흐트러짐 등이 고밀도로 생성하여 서로 작용하고 다시 이어지는 레이저광을 흡수하여 새로운 화학종을 생성하고 있다. 따라서 다분자 다광자 화학은 본질적으로 들뜬 광자수뿐만 아니라 분자수에 관하여서도 비선형적인 새로운 화학으로 간주할 수 있다.

고분자의 광과정이 레이저 출력에 의해서 연속적으로 대치되는 것을 나타내는 구체적인 예로, 칼바졸 고리 (carbazole ring)를 갖는 고분자의 용액 속 및 고체상 필름 상태의 결과를 소개하겠다.

들뜬상태, 이온상태의 분광학적 데이터를 바탕으로 들뜬 출력의 함수로 광물리 · 광화학 과정을 정리한 것이 그림 2-2이다. 고체의 경우는 수 $10\,\mu\mathrm{J} \cdot \mathrm{cm}^{-2}$, 용액 속에서도 $200\ \mu\mathrm{J} \cdot \mathrm{cm}^{-2}$ 인근에서부터 1광자 화학이 성립된다. 고밀도로 생성한 들뜬상태 간의 상호 작용이 관찰된다.

이 상호 작용의 결과 발생하는 높은 들뜬상태는 유기 증착막과 LB 막의 레이저 유기 어닐링 (annealing) 현상에 관여하고 있음도 증명되었다. 이 출력 영역에서는 레이저 분광법에 의해서 획득된 스펙트럼 정보가 기여한다. 출력을 더 높여 나가면 고체의 경우 수 $10\,mJ \cdot cm^{-2}$에서 레이저 폭식 (爆蝕 : ablation)이 일어나 구멍이 뚫리게 된다. 이것은 레이저 드라이 에칭으로 알려진 현상인데, 다분자 다광자 화학이 형태 변화를 유기한 사실을 의미한다.

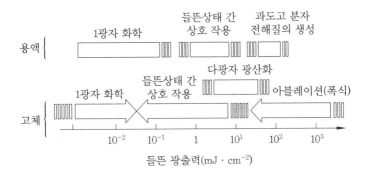

그림 2-2 **폴리(N-비닐칼바졸)의 광화학 과정의 들뜬 광출력 의존성**

광물리 · 광화학 과정은 재료에 따른 레이저광의 흡수가 있음으로써 비로소 시작되기 때문에 광자수뿐만 아니라 재료의 흡수 조건에 따라 일어나는 과정도 다양하다. 단위 면적당의 레이저 펄스 광자수를 $h\,(cm^{-2})$, 분자의 흡수 단면적 (이것은 분자 1개의 흡수 계수에 해당하며 단위는 cm^2이다.)을 σ로 할 때 흡수조건 $h\sigma > 1$은 대부분의 분자가 들뜨는 경우이다. 반대로 $h\sigma < 1$은 보통 저출력 광에 의한 들뜬 조건을 표시한다. 전자의 경우 들뜬분자 (excitation molecule) 혹은 반응 중간체도 기저상태 분자와 경쟁하여 레이저광을 흡수하므로 그 기여도 고려하지 않으면 안 된다. 레이저 파장의 기저상태 및 중간체의 흡수 단면적을 각각 σ_g, σ_e로 하면 다음의 각 사례로 나누어 고찰할 수 있다.

① $h\sigma_g < 1$, $h\sigma_e < 1$: 고분자 중에 들뜬상태가 약간만 형성되므로 h가 상당히 크지 않는한 다분자 1광자 화학이 된다.

② $h\sigma_g < 1$, $h\sigma_e > 1$: 들뜬상태는 약간만 형성되었지만 생성한 들뜬상태는 레이저광을 쉽게 흡수하여 높은 들뜬상태로 올라간다. 그 결과 높은 들뜬상태와 인접한 기저상태 간의 상호 작용이 문제가 된다. 한 예로, 고분자내 다광자 전하(電荷) 분리라고 하는 새로운 광에너지 실활과정이 증명되었다.

③ $h\sigma_g > 1$, $h\sigma_e < 1$: 고밀도로 생성한 들뜬상태가 서로 작용한다. 고분자 내 $S_1 - S_1$ 소실과정이 일어나는데, 이것은 매우 보편적인 레이저 유기과정이다.

④ $h\sigma_g > 1$, $h\sigma_e > 1$: 들뜬상태와 높은 들뜬상태 모두 고밀도로 생성하여 서로 효율적으로 상호 작용하는 전혀 새로운 현상에 이른다.

이상이 분광학적 데이터에 바탕한 고출력 레이저 들뜬 고분자의 다이나믹스 해석의 현상인데, 고분자의 레이저 화학은 전혀 새로운 가능성을 간직하고 있다는 것을 알 수 있다.

2·2 시간 특성에 주목하자

짧은 펄스로 들뜬상태를 생성하여 화학반응을 유기하고, 그 후의 완화과정, 후속 프로세스를 직접 측정하면 마치 영화의 한 컷 한 컷을 정지시켜 보는 것처럼 중간체와 그 동적 거동을 관찰할 수 있다. 이와 같은 분광법을 시간분해 분광법이라 하는데, 레이저와 응답속도가 빠른 검출기가 개발된 가시·자외 파장영역의 분광학적 연구가 압도적으로 많다. 최근 한 가지 관심의 대상이 되고 있는 것으로는 기체상 중의 ICN $\xrightarrow{h\nu}$ I·+·CN의 해리과정을 조사하여 ·CN의 입상

(leading edge)가 200펨토초의 시정수로 일어나는 것을 밝힌 보고가 있다. 펨토초의 물리와 화학 연구가 활기를 띄고 있으며, 고분자 재료에 대해서도 연구가 시작되었다.

시간분해 분광법에 의하면 용액 속 분자의 콤포메이션 변화도 실시간으로 추적할 수 있다. 두 발색단이 있으며 내부 회전 자유도를 갖는 분자는 다양한 콤포메이션을 취할 수 있지만 그에 따라서 발색단 간의 상호 작용이 다르다. 펄스 레이저를 사용하여 순간적으로 발색단을 광들뜬상태 혹은 이온상태로 가져가면 콤포메이션 변화를 발색단 간의 상호 작용에 바탕한 스펙트럼의 변화로 관측할 수 있다. 우리들은 고분자의 모델 화합물로서 meso-, rac-bis[1-(2-pyrenyl) ethyl] ether의 나노·피코초 시간분해 UV흡수 스펙트럼을 측정하여 들뜬상태, 이온상태에서의 콤포메이션 변화를 조사하였다. 그림 2-3 은 그 한 예이다.

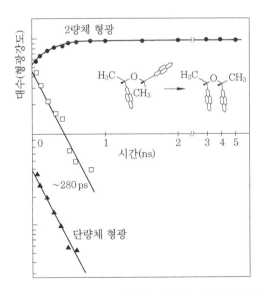

그림 2-3 meso-비스[1-(2-피레닐)에티르]에테르에서의 피렌 단량체 및 이량체 형광의 생성 감쇄 곡선(스펙트럼 분활 후의 데이터에 의함)

TG/GT 콤포메이션에서의 피렌 단량체(monomer) 형광의 감쇄는 TT 콤포메이션이 평행으로 늘어선 피렌 이량체(dimer)의 형광 생성에 대응하며 그 시정수는 280피코초였다. 이것은 TG/GT→TT의 콤포메이션 변화를 직접 측정한 귀중한 데이터이다.

고분자에서 콤포메이션 변화도 마찬가지 기법으로 측정할 수 있는데, 실제로는 들뜬 에너지, 전자, 홀이 발색단 간을 이동하는 과정이 보다 빠르고, 이것이 시정수로 측정된다. 어느 경우이든 레이저의 시간 특성을 해석함으로써 반응뿐만 아니라 동적인 물성, 구조도 직접 볼 수 있다. 또 하나의 흥미로운 사실은 짧은 펄스를 사용한 광학적 거리 측정이다. 빛은 1초 사이에 지구를 7바퀴 반 돌며, 이것은 1피코초에 300 μm 진행함을 뜻한다. 예를 들면 0.1피코초의 펄스를 박막에 입사시켰을 때 표면에서와 이면에서의 반사 펄스의 간격이 1피코초였다고 하자. 피부 속을 왕복하는 시간에 굴절률을 보정하면 두께는 100 μm로 산출된다. 피코초, 펨토초의 시간영역 해석으로부터 공간적 정보가 나온다.

2·3 공간 측정에 착인하자

유기재료, 고분자재료, 그리고 화학의 입장에서 레이저의 가간습성, 뛰어난 집광성을 이용한 연구는 역사적으로 많지 않다. 이러한 연구 분야에서는 일반적으로 용액을 다루며, 또 고체의 경우도 대부분 벌크로 많이 다루어졌기 때문이다. 그러나 물리, 전자공학, 재료 의학 분야 등에서는 처음부터 공간특성에 주목한 연구가 진행되어, 오히려 레이저를 공간적으로도 제어 가능한 에너지원으로 구사하여 왔다. 현재 레이저의 공간특성에 착안하는 관점으로 다음 세 가지가 있다.

하나는 가간섭성인데, 이것을 사용한 응용의 대표적인 예는 홀로그래피이다. 둘로 나누어진 펄스 레이저를 같은 위치에 입사시켜 회절 격자를 만들고, 그 간섭 모양이 소멸하는 과정을 측정하기도 한다.

이것은 과도 회절격자법이라고 하는데, 여러 가지 완화시간이나 확산 상수를 구하는 새로운 기법으로 주목되고 있다.

두 번째는 우수한 집광성을 활용하는 것으로, 현미경과 결합함으로써 미소 영역의 계측 평가를 할 수 있다. UV 흡수에 관한 현미분광과 형광현미경은 물론, 라만(Raman)분광, 적외분광에 관해서는 측정하는 장치가 판매되고 있다. 모든 분광측정을 현미경 아래서 하는 것은 이제 시대적 흐름이 되고 있다.

우리는 공간 분해능에다 시간 분해능도 함께 보유한 분광법으로 계면 근방에서 발생하는 형광을 모니터하는 방법을 제안해 왔다. 전반사 조건 아래서 레이저 펄스의 에바네센트파를 들뜬 빛에 사용하면 계면에서 수 10 nm 깊이 영역의 형광을 관찰할 수 있다. 이와 같은 분광법의 개발은 앞으로도 더욱 활발할 것으로 예상된다.

집광능의 높이는 분광계측 뿐만 아니라 공간의 임의의 작은 사이트에 광반응을 자유롭게 유기시킬 수 있게 한다. 광화학 반응 일반뿐만 아니라 펄스레이저 특유의 레이저 폭식(ablation) 현상을 이용하여 서브 μm 오더의 드라이 에칭을 하는 기술은 차세대 VLSI를 만드는 것으로서 기대되고 있다.

임의의 부위에 임의의 시간만큼 에너지를 주입하여 절단, 반응을 할 수 있으므로 외과수술, 예컨대 각막정형, 담석과 신석파쇄, 응혈, 혈관 봉합에 비교적 많이 이용되고 있다. 그리고 근년에는 콤팩트 디스크의 기록, 반도체 소자의 마킹, 고무와 플라스틱, 복지의 절단, 고분자 표면 가공에도 이용되고 있다. 포토레지스트를 사용한 실리콘의 미세 가공 기술로 미크로한 기구 부품을 만들거나 혹은 그 기구와 결합하여 시스템으로 하는 것도 가능하게 되었다. 레이저의 폭식현상을 이용한 마이크로머시닝(micro machining)의 조립도 시도되고 있다 (마스하라 히로시/오사카대학 공학부).

외야석 레이저의 역사

레이저는 전파나 X선과 같은 전자기파이다. 오늘날에 이르러서는 파장이
수 mm의 밀리파 영역에서부터 수 nm의 극단 자외역까지 넓은 범위에서 레
이저광 발생이 관측되고 있다. 파장으로 표현하면 전파(파장이 약 30 km에
서 1 mm, 주파수로 이르면 약 10 kHz에서 300 GHz)와 X선(파장이 10 nm
이하) 사이에서 레이저광 발생이 관측되고 있다.

레이저 발명에 관련되는 역사적 주요 사항들을 들면 다음과 같다.

① 1905년 : 빛의 입자성 개념

빛의 에너지는 빛의 주파수 ν에 플랑크상수(Planck constant) h를 곱
한 것이라는, 빛의 파동성(주파수 ν)과 빛의 입자성(photon의 에너지
$h \times \nu$)을 관련짓는 개념을 아인슈타인이 제안했다.

② 1917년 : 유도방출 이론

아인슈타인은 또 자연방출계수 A와 유도방출계수 B의 비율이 빛의 주
파수 ν의 3제곱에 비례한다는 것을 이론적으로 유도했다.

$$A/B = \alpha \nu^3$$

③ 1933년 : 들뜬상태의 원자밀도 측정

④ 1951~1953년 : 유도방출에 의한 전자기파 증폭의 제안

유도 방출을 이용하여 전자기파를 증폭한다는 개념은 1950년대 초에 미
국의 J. 웨버와 차레스 H. 타운즈, 러시아의 나콜라이 G. 바조프 및 알
렉산더 M. 프로호로프 등에 의해서 제안되었다.

이것은 유도방출에 의한 마이크로파 증폭이라는 뜻으로, MASER (Micro
Wave Amplification by Stimulated Emission of Radiation)으로 불리워졌
다. 그리고 1957년에는 N. 브렌버겐 등이 루비를 사용한 고체 MASER 연구
를 추진했다. 이 MASER 개념을 기초로 1958년에 A. L. 샤우로와 타운즈(벨
연구소)는 광영의의 MASER로 레이저를 처음 제안했다.

최초의 레이저광 발생은 1960년 미국의 T. H. 메이만에 의해서 고체 루비
를 매질로하여 관측되었다. 현재 시판되고 있는 대부분의 레이저는 표에 보인
바와 같이 1960년대에 개발된 것이 많다. 그 중에는 고체 레이저(루비 레이
저, Nd(네오듐) 유리 레이저, Nd : YAG 레이저, 컬러 센터 레이저 등), 기체

레이저(He-Ne(헬륨-네온) 레이저, 탄산가스 레이저, 요오드 레이저, Ar (아르곤) 이온 레이저, 실소 레이저, 구리 증기 레이저, 화학 레이저, 헬륨-카드뮴 레이저 등), 액체 레이저 (색소 레이저 등), 반도체 레이저 등이 있다.

레이저 개발의 주요 연표

레이저	발진 파장	발진연도
제안	–	1958
루비	694 nm	1960
Nd : 그라스	1.06 μm	1961
He-Ne	633 nm	1962
반도체	0.9 μm	1962
탄산가스	10.6 μm	1964
Nd : YAG	1.06 μm	1964
요오드	1.315 μm	1964
Ar 이온	488,514 nm	1964
컬러센터	0.8~3.65 μm	1965
질소	337 nm	1966
구리증기	510,578 μm	1966
색소(펄스)	320~970 nm	1966
화학(HF, DF)	2.6~4 μm	1967
He : Cd	442,325 nm	1968
엑시머	–	–
ArF	193 nm	1975
KrF	248 nm	–
XeCl	308 nm	–
알렉산드라이트	700~815 nm	1977

제3장 레이저 화학의 새로운 전망

레이저 출력, 시간 특성, 공간 특성에 주목하여 유기·고분자 재료 연구에서 레이저가 갖는 퍼텐셜에 대하여 기술하였는데, 레이저광을 이용하면 μm오더의 미소체를 다루는 것도 가능하다. 높은 출력의 레이저광을 현미경으로 오무려 비추면 액체 속에 분산한 미립자 한 알갱이를 초점 위치에 포착할 수 있다. 레이저광의 복사압을 이용한 기술로, 비접촉적, 비파괴적으로 미립자를 조작하는 핀셋이라고도 할 수 있다.

레이저광을 반복하여 소인 (sweep)하면 그림 3.1과 같이 복수의 고분자 미크로 스페아를 용액 속에 배열시킬 수도 있다. 빛을 절단하면 당연히 브라운 운동을 시작하여 사라지게 된다. 보통 근적외 레이저광을 포착용 광원으로 사용하는데, 여기에 부가하여 자외 펄스레이저를 도입함으로써 한 입자씩 분광하여 캐릭터 라이스 (character rise)한다.

자외광의 출력을 높여 한 입자씩 광수식 반응을 일으키고, 또 당연히 어닐링 효과에 의해서 고분자의 배향을 정리할 수도 있다. 기화시키거나 레이저 폭식 (爆蝕)을 야기하여 분해하는 것도 가능하다.

마이크로 캡슐의 경우에는 레이저광으로 임의의 위치로 운반하여 고정하고, 임의의 시간에 내액을 방출시키는 것도 이미 실시되고 있다. 단일 미립자를 다루는 기법은 지금까지는 거의 없고 콜로이드 화학이나 생물연구 분야에 큰 임팩트를 주고 있다.

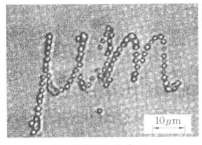 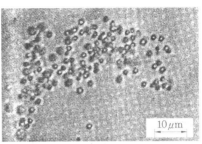

(a) 레이저광 주사 중   (b) 빛을 커트하여 4초 후

그림 3-1   레이저 주사 마니퓰레이션에 의해 형성된 폴리스티렌
미립자의 배열 패턴

빛의 복사압은 미립자의 입자 지름에 따라 다르고 또 광학상수에도
의존하기 때문에 이 복사압(輻射壓)의 차를 이용하면 입자 지름 혹은
물성마다 미립자를 분별할 수 있다. μm오더의 미립자인 경우, 이 작
업은 매우 어렵겠지만 광학소자를 컴퓨터 제어하면 조작을 생략할 수
있다.

미립자로는 고분자 미크로 스페어는 물론 유기결정, 반도체 분말,
실리카겔(cilica gel) 등의 촉매, 미소 액적, 세포, 적혈구, 단백콜로
이드 등이 쉽게 포착되므로 적용 범위가 매우 넓다. 또 이 트래핑을
구사하여 미소 구조물의 조립도 시도할 수 있다.

용액 속에 단위체나 광중합 개시제를 넣어두고, 우선 2개의 고분자
미크로 스페아를 포착하여 접촉한 부분에 펄스 자외 레이저를 조사하
여 광중합 반응으로 접촉시킨다. 이것을 반복함으로써 3차원의 미소
구조체를 만들어 나갈 수 있다. 말하자면 μm 오더의 적목 세공(積木
細工)으로, 고분자 미크로 스페어를 배열하여 임의의 패턴을 형성하
고, 그것을 고화(固化)하여 남길 수 있다. 이것은 능동적인 가공, 기
계화라 할 수 있다. 이와 같은 새로운 기술 전개도 레이저는 가능하
게 하고 있다.

참고문헌

1) 失島達夫, 霜田光一, 稲場文男, 難波 進編：レーザーハンドブック, 朝倉書店(1989)
2) H. Masuhara (ed, by J. P. Fouassier and J. F. Rabek)：Lasers in Polymer Science and Technology, Application, vol. 2, p.239, CRC Press (1989)
3) H. Masuhara (ed, by M. Anpo and H. Matsuura)：Photochemistry on Solid Surface, p. 15, Elsevier (1989)
4) M. Toriumi and H. Masuhara：Spectrochimica, Acta. Rev., 14, 353-377 (1991)
5) 增原 宏：表面励起ブロセスの化学, 季刊化学 総説, 12, 48 (1991)
6) 三沢弘明, 增原 宏：レーザー研究, 19, 433 (1991)
7) H. Masuhara：J. Photochem, Photobiol, A：Chem, 62, 397 (1992)
8) 增原 宏：高分子, 41, 42 (1992)

제 2 부

고분자 용액의 해석

Laser

Application Technology

동적 광산란

4·1 머리말

용액 등의 매질 속에 굴절률이 다른 곳이 있으면 빛은 산란하게 된다. 빛의 산란을 이용하여 물질의 운동에 관한 정보를 얻어내려는 것이 동적 광산란법이다. 좀 더 상세하게 설명하면, 상이한 시간에 검출되는 산란광의 상관 또는 산란광 강도의 주파수 분포(spectral density)를 측정하여 물질의 국소적인 굴절률의 불규칙 변화(fluctuation)의 시간상관을 인지하는 방법을 이른다.

고분자 용액 연구에서 동적 광산란 측정이 활발하게 이루어지게 된 것은 광자상관법이 이용되고부터이다. 광자상관법(光子相關法)은 고분자 용액에 특징적인 비교적 긴 시간 스케일운동 측정에 적합하다.

광자상관법이 현재처럼 일반적인 측정 수단으로 보급된 것은 레이저 광원과 계산기 등의 전자회로 기술이 발전한 덕분이라 할 수 있다. 이 장에서는 동적 광산란 중에서 주로 이 광자상관법에 의한 준탄성 광산란 측정에 대하여, 그 원리와 측정법의 개략을 소개하기로 하겠다.

동적 광산란 측정은 이미 오랜 역사를 가지고 있으며, 비교적 새로운 광자상관법이 이용되고부터도 30년 이상이나 경과하였다. 현재에 이르러서는 상관계는 물론이거니와 광학계 한 세트를 결합한 측정 장치도 판매되고 있으며 이미 광자상관법도 새로운 측정법이라 하기에는 민망할 처지가 되었다. 동적 광산란에 관한 해설책도 많이 출판되었으므로 뜻만 있다면 동적 광산란법에 관한 정보나 지식을 쉽게 얻을 수 있다. 이 책에서는 지면 관계상 극히 제한된 사항 밖에 다루지 못하였으므로 실제로 동적 광산란 측정을 시도해 보려는 독자들은 이 장의 말미에 제시한 참고 도서를 이용하기 바란다.

4·2 측정의 원리

빛은 전자기파, 즉 진동하면서 전파하는 전기장이다. 진동하는 전기장 안에 전하(電荷)를 두면, 전하는 진동한다. 진동하는 전하는 새로운 전자파의 발생원이되어 산란이 일어난다. 전하 대신에 쌍극자를 놓은 경우에도 마찬가지이다. 그 경우의 쌍극자는 영구 쌍극자에 국한하지 않고 전기장에 의해서 유기되는 것이라도 좋다. 희박한 기체를 대상으로 하는 경우는 개개의 분자를 이산적 (離散的)으로 다루고, 각각에 대하여 유기 쌍극자를 생각하면 되지만 용액 등의 응집체를 대상으로 하는 경우는 계를 연결체로 하여 다루는 것이 편리하다. 즉, 대상으로 하는 계 (系)를 거시적으로 보면 균일한 유전율을 가진 매질로 채워진 것이라 간주하고, 산란체는 국소적인 유전율의 불규칙 변화 (fluctuation)로 간주할 수 있다. 이하의 논의에서도 이렇게 다루기로 하겠다. 계가 모두 균일하다면 전자파는 단지 균일한 매질 속을 진행할 뿐이다. 입사광이 평면파라 간주하면 시간 t, 위치 r에서의 전기장 $E_i(r, t)$는 허수 i를 써서

$$E_i(r, t) = E_0 n_i \exp(ik_i \cdot r - i\omega_i t) \quad\cdots\cdots\cdots\cdots (4.1)$$

로 적을 수 있다. 여기서 E_0는 진폭, n_i는 편광방향 (즉, 전기장이 진동하는 방향)을 표시하는 단위 벡터, ω_i는 주파수, k_i는 전자파의 진행 방향을 향하는 크기 $\omega_i/c = 2\pi/\lambda$ (c는 빛의 속도, λ는 파장)의 파수

벡터이다. 허수 표시에서는 실수부가 물리적인 의미를 갖는다. 이미
설명한 바와 같이 위치 r에서의 유전율 ε가 주위와 다른 경우에 산란
이 일어난다. 유전율을 평균값 ε_0에서의 불규칙 변화 $\delta\varepsilon$를 써서

$$\varepsilon(r, t) = \varepsilon_0 I + \delta\varepsilon(r, t) \quad\cdots\cdots\cdots\cdots\cdots\cdots\cdots\cdots\cdots (4.2)$$

로 표시해 둔다. 여기서 I는 2층의 단위 텐솔이다.

먼저 $\delta\varepsilon$이 스칼라 $\delta\varepsilon$인 경우를 생각한다. 입사광 전기장(식 (4.1))은
시각 t', 위치 r에서 쌍극자

$$\delta\varepsilon E_0 n_i \exp(ik_i \cdot r - i\omega_i t')$$

를 유기한다. 진공하는 쌍극자에서 방출된 전자파는 r를 중심으로 하
는 구면파(球面波)가 되고, 이것을 시각 t에 r에서 충분히 떨어진 점
R에서 관측하였다고 한다. 단, R는 입사광을 포함하며 입사광의 편
광면 n_i와 수직인 면 위의 점으로 한다. 산란 전기장의 진폭 E_s는 산
란광이 R에 도달하는 시간을 고려하면 계수를 제외하고

$$E_s(R, t)n_i \approx$$

$$\frac{1}{|R-r|} \exp\left[ik_f \cdot (R-r(t')) - i\omega_f(t-t')\right]\delta\varepsilon E_0 n_i \exp(ik_i \cdot r - i\omega_i t')$$

와 같이 적을 수 있을 것이다. 여기서 첨자 f는 물리량이 산란광에
관한 것임을 표시하고 또 $t = t' + R - r/c$이다. 산란광의 주파수 ω_f는
산란체의 운동(지금의 경우는 병진운동)에 기인하는 $\delta\varepsilon$의 주파수 성분
에 따라 일반적으로 ω_i와는 다르지만 그 차는 ω_i의 절대값에 비하면
매우 작다.

산란체의 전형적인 운동 주파수는 $10^{13}s^{-1}$ 보다 작고, 보통 측정에
사용되는 가시영역의 빛은 $10^{15}s^{-1}$ 오더의 주파수를 갖는다. 따라서
여기서는 $\omega_f = \omega_i$로 하여 지장이 없다. 또 $R = R \gg r = r$인 것을 고

려하면

$$R-r \cong R, \ k_f \cdot (R-r) \cong k_f R - k_f \cdot r = k_f R - k_f \cdot r$$

와 근사할 수 있으므로

$$E_s(R, t)n_i \approx \frac{1}{R} \exp(ik_f R - ik_f \cdot r - i\omega_i t)\delta\varepsilon E_0 n_i \exp(ik_i \cdot r)$$

이 된다. $q = k_i - k_f$를 정의하고, 또 시료 속의 산란이 측정된 부분의 체적 V(산란체적) 전체에 걸쳐 적분하면

$$E_s(R, t) \approx \frac{E_0}{R} \exp(ik_f R) \int_v d^3 r \exp(iq \cdot r - i\omega_i t)\delta\varepsilon(r, t)$$

....(4.3)

이 얻어진다.

보다 일반적으로 유전율의 불규칙 변화가 텐솔 $\delta\varepsilon$로 표시되고, R 의 위치에 $R \gg r$ 이외의 제한이 붙이지 않는 경우 산란광의 n_f방향의 편광성분 진폭은

$$E_s(R, t) = \frac{E_0}{4\pi R\varepsilon_0} \exp(ik_f R) \int_v d^3 r \exp(iq \cdot r - i\omega_i t)$$
$$\times [n_f \cdot (k_f \times (k_f \times (\delta\varepsilon(r, t) \cdot n_i)))] \quad \cdots\cdots(4.4)$$

로 나타낸다. 맥스웰 방정식에 의해 이 식을 유도하는 순서는 거의 모든 전기자기학 교재에 제시되어 있으므로 관심 있는 독자들은 참조하기 바란다. 여기서는 식 (4.3)과의 유추로 만족하기로 하겠다. 식 (4.4)는 편광면과 파수 벡터의 방향에 일반성을 부여하기 위해 [ ] 안이 복잡하게 된 것 외에는 식 (4.3)과 같은 형상을 하고 있는 점에 주의하기 바란다.

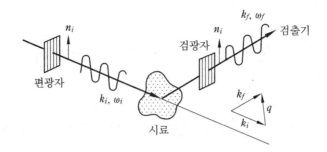

그림 4-1 입사광과 산란광의 파수 벡터와 편광 방향

이상으로 산란 전기장과 유전율 불규칙 변동 관계는 명확하게 되었다. 다음은 광산란 데이터로부터 어떻게 물질의 운동에 관한 정보를 획득하게 되는가를 고찰하여 보자. 시간 $t = 0$에서 T까지 산란광 전기장의 진폭 $E(t)$를 측정하였다고 했을 때 다. $E(t)$를 푸리에 전개 (Fourier expansion)하면

$$E_t = \sum_{-\infty}^{\infty} C_n \exp(i\omega_n t) \quad \cdots\cdots\cdots\cdots\cdots\cdots\cdots (4.5a)$$

$$C_n = \frac{1}{\sqrt{T}} \int_0^T E(t)\exp(-i\omega_n t)dt, \ \omega_n = \frac{2\pi}{T}n \quad \cdots\cdots (4.5b)$$

이다. 빛의 강도 I는 전기장의 두 제곱으로 표시되므로

$$I = \langle E^*(t)E(t) \rangle = \left\langle \sum_m \sum_n C_m^* C_n \exp[i(\omega_n - \omega_m)t] \right\rangle = \sum_n |C_n|^2 \quad (4.6)$$

로 적을 수 있다. 여기서 *는 복소 공역량(共役量)을 표시하며 $\langle \cdots \rangle$는 평균 조작,

$$\langle \cdots \rangle \equiv \frac{1}{T} \int_0^T \cdots dt$$

를 의미한다. 광학 필터를 사용하면 특정한 주파수 성분 ω_n만을 이끌어낼 수 있으므로 필터를 통과하여 오는 빛의 강도를 측정하면 C_n^2을

얻을 수 있음을 알 수 있다. 다음에 강도 $\langle E^*(t)E(t)\rangle$ 대신에 이것과 유사한 $\langle E^*(t)E(t+\tau)\rangle$ 라는 양을 생각하여 본다. 식 (4.6)을 유도한 것과 마찬가지로 하여

$$\langle E^*(t)E(t+\tau)\rangle = \sum_n C_n^2 \exp(i\omega_n \tau)$$

를 얻을 수 있다. 양변에 $\exp(-t\omega_m t)$를 곱하여 τ를 0에서 T까지 적분하면

$$C_m^2 = \int_0^T d\tau \langle E^*(t)E(t+\tau)\rangle \exp(-i\omega_m \tau) \quad\cdots\cdots\cdots\cdots (4.7)$$

이 된다. T를 무한으로 크게 취하고 ω_m를 연속화하여 $\tau < 0$도 포함하기로 하면 식 (4.7)은

$$I(\omega) = \frac{1}{2\pi} \int_{-\infty}^{\infty} d\tau \langle E^*(t)E(t+\tau)\rangle \exp(i\omega\tau) \quad\cdots\cdots\cdots\cdots (4.8)$$

로 고쳐 쓸 수 있다. 여기서 ω_m이 연속량이라는 사실을 나타내기 위해 첨자를 제거하였다. 식 (4.8)은 필터를 사용하여 측정한 산란광의 강도 $I(\omega)$가 전기장의 시간상관함수 $\langle E^*(t)E(t+\tau)\rangle$의 푸리에 변환으로 되어 있음을 의미하고 있다. 정산 상태에 있는 계에서는 시간상관함수는 기준의 시각 t에는 의존하지 않음을 환기시켜 둔다. $\delta\varepsilon$의 푸리에 변환 (Fourier transform)

$$\delta\varepsilon(\boldsymbol{q},\ t) =) \int_V d^3 r \exp(i\boldsymbol{q}\cdot\boldsymbol{r})\delta\varepsilon(\boldsymbol{r}, t)$$

를 사용하면 식 (4.4)는

$$E_s(R,\ t) = \frac{-k_f^2 E_0}{4\pi R\varepsilon_0} \exp(ik_f R - i\omega_i t)\delta\varepsilon(\boldsymbol{q},\ t) \quad\cdots\cdots\cdots (4.9)$$

로 고쳐 쓸 수 있으므로 이것을 식 (4.8)에서 기준 시각을 0으로 한 것에 대입하면

$$I(q, \omega_f, R) = \frac{I_0 k_f^4}{16\pi^2 R^2 \varepsilon_0^2} \times \frac{1}{2\pi} \int_{-\infty}^{\infty} d\tau \langle \delta\varepsilon(q, 0) \delta\varepsilon(q, \tau) \rangle$$

$$\exp[i(\omega_f - \omega_i)\tau] \quad \cdots\cdots\cdots\cdots (4.10)$$

을 얻을 수 있다. 단, 식 (4.9)는 이후에는 $n_f \delta n_i$를 $\delta\varepsilon$로 줄여 쓰고, 식 (4.10)에서는 $I_0 = |E_0|^2$로 기록했다. 스펙트럼 밀도가 유전율의 불규칙 변동의 시간 상관함수를 포함하고 있음을 알 수 있다. 유전율의 불규칙 변동 (굴절률의 불규칙 변동이라 바꾸어 표현해도 상관없다.)은 밀도와 농도의 불규칙 변동이 원인으로 야기되므로 결국 식 (4.10)은 밀도 불규칙 변동, 농도 불규칙 변동의 시간상관함수를 광산란 측정으로 구할 수 있음을 나타내고 있다. 시간상관함수는 비평형 통계역학에서 가장 기본적인 물리량의 하나이다.

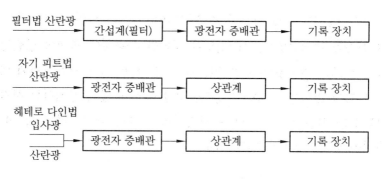

그림 4-2 **동적 광산란 측정법**

이상으로, 필터를 사용하여 전기장의 시간상관함수의 푸리에 변환인 스펙트럼 밀도를 구할 수 있고, 또 이에 의해서 밀도·농도 불규칙 변동의 시간상관함수 정보도 얻을 수 있다는 사실을 알았다. 그런데 시간상관함수를 구함에 있어서 푸리에 변환 $I(\omega)$가 아니라 직접

$\langle E_s^*(t)E_s(t+\tau)\rangle$를 구하는 방법은 없는 것인가. 실제로 스펙트럼 밀도 측정에서는 필터의 분해능에 제한이 있고, 고분자 사슬에 특징적인 느린 운동에 대응하는 약간의 주파수 변화 측정은 곤란하므로 그러한 점에서도 필터법을 대신하는 시간상관함수의 측정법이 필요하다. **산란광의 시간상관함수**가 필요하다면, 측정된 산란광을 일단 기억해 두고, 다른 시간의 측정값과 곱하면 될 것이라고 생각할지 모르겠으나 그렇게 단순하지 않다. 그 이유는, 필요한 것은 산란 전기장의 상관인데도 직접 할 수 있는 것은 산란 전기장의 강도, 즉 전기장의 두 제곱이기 때문이다. 그러므로 다소의 연구가 필요하다.

현재 알려져 있는 전기장의 시간상관함수를 직접적으로 구하는 방법으로는 두 가지를 들 수 있다. 먼저 자기 비트법 (호모다인(homody-ne)법이라고 많이 부른다)부터 설명하겠다. 이 방법에서는 두 제곱도 상관 없으므로 산란광 강도의 시간상관을 취한다. 앞에서 설명한 바와 같이 산란 전기장 $E_s(t)$에 대하여 강도의 시간상관은 $\langle E_s(t)^2 E_s(t+\tau)^2\rangle$로 나타낼 수 있다. 지금 산란 체적 속에 N개의 산란체가 존재하고, 그 각각의 산란체로부터의 산란을 $E_k(k=1, 2, \cdots, N)$라 하면

$$E_s(t) = \sum_k^N E_k \exp[i\phi(t)]$$

로 쓸 수 있다. 여기서 위상 ϕ는 같은 확률로 분포하고, E_k는 가우스 분포 (Gaussian distribution)로 나타낸다고 가정하면, 전기장의 상관은

$$G^{(1)}(\tau) = \langle E_s^*(t)E_s(t+\tau)\rangle = \sum_{k,l}^N \langle E_k E_l \exp[i\phi_l(t+\tau)-i\phi_k(t)]\rangle$$

이고, 강도의 상관은

$$G^{(2)}(\tau) = \langle I(t)I(t+\tau)\rangle$$

$$= \sum_{k,\,l,\,m,\,n}^{N} \cdots \sum \langle E_k E_l E_m E_n \exp\left[i\phi_l(t) - i\phi_k(t) + i\phi_n(t+\tau) - i\phi_m(t+\tau)\right] \rangle$$

이다. k, l, m, n 중에서 두 쌍이 같은 경우를 제외하고 $G^{(2)}(\tau)$는 0이 되는 사실에 주의하면

$$G^{(2)}(\tau) = \left(1 - \frac{1}{N}\right)\left|G^{(1)}(\tau)\right|^2 + \left[G^{(1)}(0)\right]^2$$

이 도출되고, $N \to \infty$ 에서는

$$g^{(2)}(\tau) = 1 + \left|g^{(1)}(\tau)\right|^2 \quad \cdots\cdots\cdots\cdots\cdots\cdots\cdots\cdots\cdots (4.11)$$

로 쓸 수 있다. 단, 여기서

$$g^{(2)}(\tau) = G^{(2)}(\tau)/G^{(2)}(0), \quad g^{(1)}(\tau) = G^{(1)}(\tau)/G^{(1)}(0)$$

로 정의되는 규격화된 상관함수를 도입하였다.

이상으로 가우스 분포의 조건을 충족하면 우리가 알고자 하는 전기 장의 시간상관함수를 산란광 강도의 시간상관함수로부터 식 (4.11)을 써서 결정할 수 있음을 알 수 있다. 대개의 경우 가우스 분포의 조건 은 충족되어 있다고 생각해도 된다. 다만 임계점의 극히 근방처럼 불 규칙변동이 극히 큰 경우에는 주의할 필요가 있다. 또 편모운동 등에 의해서 늘 유동하고 있는 생체 세포 등에는 해당되지 않는다.

전기장의 시간상관함수를 구하는 또 하나의 방법은, 산란광에 입사광의 일부 E_{LO}를 혼합하고, 그 강도의 시간상관을 취하는 것으로, 보통 헤테로다인법이라 한다. 여기서 직접 구하는 상관 은 $\langle |E_{LO}(0) + E_S(0)|^2 |E_{LO}(\tau) + E_S(\tau)|^2 \rangle$로 된다. 여기서 E_{LO}의 강 도는 산란 전기장 E_S의 강도에 비하여 충분히 크게 취한다. 또 E_{LO}, E_S는 통계 평균조작에 관하여 독립적(즉, $I_i = E_i * E_i \ <i = LO, S>$ 로 하여 $\langle I_{LO} I_S \rangle = \langle I_{LO} \rangle \langle I_S \rangle$ 등이 성립)이고, E_{LO} 자체의 불규 칙 변화는 무시할 수 있다고 한다.

$\langle |E_{LO}(0)+E_S(0)|^2 \, |E_{LO}(\tau)+E_S(\tau)|^2 \rangle$을 전개하여 나타내는 전부 16개 항 중에서 대부분은 0으로 되고, 또 3개의 직류 성분과 미소항을 무시하면

$$\langle I(0)I(\tau)\rangle \cong I_{LO}^{\,2}+2I_{LO}\,\mathrm{Re}(\langle E_S^*(0)E_S(\tau)\rangle) \quad \cdots\cdots (4.12)$$

를 얻을 수 있다. 여기서 Re( )는 실수부를 취하는 것을 의미한다. 이 방법에서는 가우스 분포의 가정을 사용하지 않고 전기장의 시간 상관함수를 구할 수 있다.

4·3 측정법

앞에서 설명한 세 가지 측정법 중에서 고분자 용액 다이나믹스 연구에 현재 가장 많이 쓰이는 것은 자기 비트법이다. 이하, 이 측정법에 대하여 소개하기로 하고, 다른 두 방법에 대해서는 간단하게 언급하도록 하겠다.

그림 4-3은 측정 장치의 개략도이다. 레이저 광원에서 발진된 일정 방향으로 편광된 빛은 렌즈에 의해서 집광되어 시료에 조사된다. 산란된 빛은 검광자(analyzer)에 의해서 특정한 편광 방향 성분만이 취출되고, 두 핀홀에 의해서 산란광 이외의 빛(미광)을 배제한 후 광전자증배관에서 감지된다. 시간상관을 측정하고 있는 동안 산란각은 고정시켜 둔다. 파수 q는 그 정의상 산관각 θ와

$$q^2 = |\mathbf{k}_i - \mathbf{k}_i|^2 = k_f^{\,2} + k_i^{\,2} - 2k_f k_i \cos\theta = \left(\frac{4\pi n}{\lambda_0}\sin\frac{\theta}{2}\right)^2$$

$$\cdots\cdots\cdots\cdots\cdots\cdots\cdots (4.13)$$

의 관계를 가지게 된다. 여기서 $k_f = k_i$를 사용하였다. n은 시료의 굴절률, λ_0는 광원의 파장이다. 광전자 증배관에 들어오는 빛의 강도

는 충분히 낮게 억제되고 산란광은 하나 하나의 광자서 검출된다. 광
전자 증배관의 역할은 입사한 광자를 전류 펄스의 신호로 변환하는
데 있다.

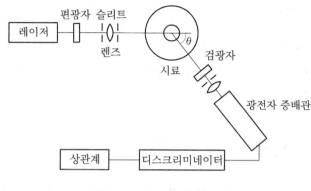

그림 4-3 **측정장치의 모식도**

광전자 증배관은 1,000V 전후의 전압이 인가된 두 전극 사이에 다
이노드(dynode)라고 하는 2차 전자증배 전극을 10단 정도 중첩한 것
이다. 알카리 금속으로 만들어진 광전음극(캐소드)은 광자를 흡수하
면 전자를 방출한다. 그리고 방출된 전자는 전기장에서 가속된 후에
다이노드에 충돌하여 여러 개의 2차 전자를 방출한다. 여기서 방출된
전자는 다시 다음 다이노드에 충돌하여 각각 몇 개의 전자를 방출한
다. 이것이 반복되어 전자의 수는 점점 증식하여 최종적으로는 양극
(애노드)에서 펄스 전류로 이끌어 낼 수 있다. 광전자 증배관에서는
광자가 입사하지 않을 때에도 전류의 출력을 볼 수 있다(암전류). 암
전류(dark current)는 냉각하면 상당히 감소된다.

또 전자수를 증식하는 과정에서 양이온이 발생하고, 이 양이온이
캐소드나 애노드에 흡수되어 새로운 펄스 전류의 발생 원인이 되는
수도 있다(애프터 펄스). 이것은 짧은 시간상관 측정 때에 문제가 되
므로 주의해야 한다.

광전자 증배관의 출력은 증폭된 후 디스크리미네이터 (discriminator) 로 보내진다. 그리고 디스크리미네이터에서는 설정 레벨보다 작은 신호를 잡음으로 제거하고, 동시에 설정값 보다 큰 신호를 파형 정형을 한다. 설정 레벨의 가장 적합한 값은 사전에 실험적으로 결정해 둔다.

여기까지는 광자계수법에 의한 정적 (靜的)인 측정과 거의 변함이 없다. 광자 상관법에 의한 동적 측정에서는 이후에 신호는 디지털 상관계로 보내진다. 상관계는 이름 그대로 신호전류의 시간함수를 취하는 장치이다. 디지털 상관계는 보통 수 10에서 100 정도 (더 많은 것도 있다.)의 레지스터 (register)라고 하는 연산용 데이터의 일시적인 보존장소와 거의 같은 수의 채널이라는 데이터의 최종적인 직접 기억 장소를 가지고 있다.

사전에 설정된 샘플시간 t_s 동안, 펄스가 입력할 때마다 첫 번째 레지스터에 하나씩 가산해 나간다. 샘플시간이 끝나고 다음 샘플시간의 계수가 시작되기까지 사이에 각 레지스터의 내용은 각각 인접한 레지스터에 옮겨지고 첫 번째 레지스터는 빈 상태가 된다. 이것을 레지스터의 수만큼 반복시키면 t_s 시간마다 입사 펄스수 n (즉, 상대적인 산란광 강도 I)의 시간 변화를 나타낸 것이 완성된다. 완성된 시간 계열의 i개 떨어진 레지스터끼리의 내용을 종합한다. i개 떨어진 조합은 $N (=$ 레지스터의 수 $-i)$개이고, 그 평균값을 i번째 채널에 격납한다. 즉, i채널에는

$$\frac{1}{N}\sum_{i}^{N} n(t_i)n(t_i + it_s)$$

이 기억된 것이 된다.

이상의 조작, 즉 입사 펄스수의 경시변화를 레지스터에 입력하여, 레지스터 간의 곱한 수를 구하여 그 평균값을 채널에 기록하는 조작을 매우 많이 반복한다. 단, 각 채널에 대한 기록은 앞의 값을 소거하지 않고 결과를 누적해 나간다. 측정하고 있는 계가 정상적이면 시간

상관함수는 t_i에 의존하지 않고 최종적으로 채널마다 시간함수의 통계적인 값 $\langle I(0)\,I(nt_s) \rangle$이 얻어진다.

상관계에서는 극히 단시간 안에 상술한 연산을 할 필요가 있으므로 연산의 고속화를 위한 여러 가지 대책이 마련되어 있다. 클리핑 (clipping) 조작도 그중의 하나이다. 이 클리핑 조작은 곱셈의 상대가 0이거나 1로 정해져 있는 경우, 매우 간단한 회로로 연산을 실행할 수 있음을 이용한다. 곱셈하는 두 레지스터의 한쪽(또는 양쪽) 내용을 어떤 설정값과의 대소 관계에 따라 0이나 1로 분할한다(클리핑). 이와 같은 거치른 조작으로도 충분히 많은 적산을 하면 결과의 신뢰성은 회손되지 않는다.

샘플시간이 50 ns 이하에서의 측정은 현재로서는 불가능하다. 따라서 상관계로 측정할 수 있는 짧은 시간 스케일의 한도는 10^{-6}s 정도이다. 한편, 긴 시간 스케일의 측정은 측정하고 있는 계나 장치의 안정성에 따라 제한된다. 즉, 샘플시간을 길게 잡으면 통계적으로 신뢰할 수 있는 값을 얻는데 필요한 데이터의 적산시간이 그만큼 길어지므로 측정 조건을 일정하게 유지하기가 어려워진다.

또 상관함수를 구하는 방법으로는 타임 인터벌 방식이라 하는 펄스의 시간간격을 측정하는 방법도 있다. 입사 펄스의 시간간격을 t_s를 단위로 하는 정수값으로 표시하여 기억시켜 둔다. 간격이 $n(\times t_s)$인 조합의 수(출현 빈도)를 계수하여 시간상관을 결정한다.

헤테로다인법에서는 앞에 설명한 바와 같이 입사광을 산란광에 혼합한다. 일반적으로는 두 빔 스플리팅(beam splitting)용의 하프미러를 사용하여 입사광 일부를 혼합시키고 있다. 또 간편한 방법으로는 가느다란 테플론 조각 등을 삽입한 다음 그 산란을 이용하는 경우도 있다. 어쨌든 얼마나 안정적으로 빛을 혼합시키는가가 중요하다. 가우스 분포(Gaussian distribution)의 조건이 충족되는 한 헤테로다인법의 이점은 없으며, 오히려 장치상 또는 정확도상 문제가 있다. 고분자 용액계 측정에서는 전기영동 광산란측정 등 특수한 것을 제외하고는 헤테로다인법이 사용되지 않는 추세이다.

필터법에서는 파브리 페롯 간섭계 (Fabry-Perot interferometer)가 필터로 사용된다. 파브리 페롯 간섭계는 서로 마주한 두 장의 평면 또는 구면의 하프미러로 구성되어 있다. 하프미러의 투과율은 충분이 작고, 입사한 빛은 두 거울 사이에서 매우 많은 반사를 반복하면서 조금씩 투과한다.

다른 반사회수로 투과한 빛은 특정한 주파수를 제외하고는 간섭에 의해서 상쇄되므로 실제상으로는 투과되지 못한다. 예를 들면, 평면 경에 수직으로 입한 빛에서는 파장의 정수배가 거울의 간격 L의 2배에 상등한 것 이외는 투과하지 않는다.

투과하는 주파수의 변경은 압전소자를 사용하여 L을 변화시키거나 또는 거울 사이에 봉입한 기체의 굴절률을 압력으로 변화시켜서 한다. 투과광 강도를 광전자 증배관으로 측정하면 주파수에 대한 강도 분도를 획득할 수 있다. 필터법은 필터 분해능의 제한 (1 MHz 정도) 때문에 10^{-6}s 이하의 짧은 시간 스케일 측정에 사용된다.

4·4 해석법

동적 광산란 측정으로 농도의 불규칙 변화나 밀도의 불규칙 변화의 시간상관함수 또는 스펙트럼 밀도를 구할 수 있다는 것은 이미 설명한 바 있다. 이러한 농도의 불규칙 변화나 밀도의 불규칙 변화의 상관은 넓은 의미에서 확산 운동에 의해 시간과 더불어 감쇄한다. 밀도의 불규칙 변화에 관해서는 이 밖에 전파성에 관한 것도 존재한다. 즉 음파 (포논)이다. 이 음파와 빛의 상호 작용으로 발생하는 돕플러 시프트 (Doppler shift)를 수반한 산란을 브리루앙 산란이라 한다. 브리루앙 산란 스펙트럼은 순액체계에 대하여서는 국소적인, 수 밀도,

운동량 밀도, 에너지 밀도의 보존칙 (2성분 용액에서는 용질농도의 보
존칙이 부가된다)으로 계산되며, 그림 4-4에 보인 바와 같이 각종 열
역학량과 관련되어 있다. 따라서 브리루앙산란 스펙트럼으로부터 음
속, 열확산계수, 정압·정용 (定容) 열용량의 비율 등을 구할 수 있다.

두 부루리앙 산란 피크와는 달리 산란광의 중심 주파수가 입사광의
주파수와 다르지 않는 것을 준탄성 산란이라고 한다. 광자 상관법을
사용하여 요 몇 해 사이 고분자 용액계에서 활발하게 측정되고 있는
것은 바로 이것이다. 이제 농도의 불규칙 변화에 바탕한 준탄성 산란
에 관한 설명을 하겠다. 우선 간단한 예부터 시작하겠다. 용매 속에
서 확산운동을 하는 구형 입자를 생각한다. 확산 방정식

$$\partial \delta C(r)/\partial t = D(\partial^2 \delta C(r)/\partial r^2), \quad \delta C(r) = C(r) - \langle C \rangle \quad \cdots(4.14a)$$

의 푸리에 변환

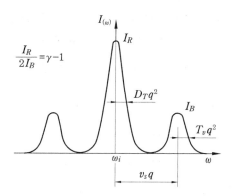

$$D_T : \text{열확산계수}, \quad v_s : \text{음속}, \quad \tau_v : \text{음파감쇄상수}$$
$$\gamma(= C_p/C_v) : \text{정압·정용 열용량비}$$

그림 4-4 **액체에서의 산란 스펙트럼(이론)**

$$\partial \delta C(q)/\partial t = - Dq^2 \delta C(q) \quad \cdots\cdots\cdots\cdots\cdots\cdots\cdots (4.14 \text{ b})$$

은 간단하게 적분할 수 있고, 농도의 불규칙 변화 δC의 시간상관 함
수는

$$\langle \delta C^*(q, 0)\delta C(q, \tau)\rangle = \exp(-Dq^2\tau) \quad\cdots\cdots\cdots\cdots\cdots (4.15)$$

로 주어진다. 앞에서도 기술한 바와 같이 산란 전기장의 불규칙 변화는 밀도의 불규칙 변화를 무시할 수 있는 경우 농도의 불규칙 변동에 비례한다. 즉,

$$\langle \delta E^*(q, 0)\delta E(q, \tau)\rangle \propto \langle \delta C^*(q, 0)\delta C(q, \tau)\rangle = \exp(-\Gamma\tau),$$

$$\Gamma = Dq^2 \quad\cdots\cdots\cdots\cdots\cdots\cdots\cdots\cdots\cdots\cdots\cdots\cdots\cdots\cdots (4.16)$$

이 얻어진다. 전기장의 상관은 단일 지수함수적으로 감쇄하고, 그 감쇄속도 Γ로부터 병진 확산계수 D를 구할 수 있음을 알 수 있다. 또 용매의 점도(viscosity)를 측정하면 D로부터 입자지름(고립 고분자 사슬에서는 유체역학적 반지름)을 결정할 수 있다.

막대상 고분자처럼 분자에 이방성이 있으면 입사광과 산란광은 편광방향이 상이하여 $\delta\varepsilon$는 텐솔이 된다. 이 편광의 시간상관으로부터 회전확산계수 Θ를 구할 수 있다. 식의 도출은 생략하지만, 수직 편광한 입사광에 대하여 산란광의 수평 편광성분을 측정하였을 때 산란 전기장의 시간상관은 역시 단일 지수함수적으로 감쇄하고, 그 때의 감쇄속도 Γ는 병진확산과 회전확산의 두 기여의 합 $\Gamma = Dq^2 + 6\Theta$로 나타낸다.

위의 두 가지 간단한 예 외에도 반굴곡성 고분자, 굴곡성 고분자의 분자 내 운동, 준희박 용액, 겔, 임계점 근방 등 다양한 계에 대하여 이론 계산이 되었다. 여기서 그것을 소개하는 것은 동적 광산란 측정법의 해설로서는 물성론의 범주를 너무 깊이 파고드는 것이 되므로 생략하겠다.

그런데 위에서 설명한 최초의 예에서는 입자의 지름이 균일하고 단일 확산계수로 표시되는 경우를 생각했었다. 지름이 다른 입자가 혼재하는 경우는 시간상관함수의 감쇄는 지수함수의 얼마간의 중합이 된다고 생각할 수 있다. 또 단순한 병진 확산뿐만 아니라 복수의 기

구에 의해서 불규칙 변동의 완화가 일어나 있는 경우도 단일 지수함수로서는 표시될 수 없다고 생각된다. 따라서 일반적으로 Γ는 분포 $G(\Gamma)$를 가지며, 산란 전기장의 시간상관은

$$g^{(1)}(\tau) = \int_0^\infty G(\Gamma) e^{-\Gamma \tau} d\Gamma \quad\cdots\cdots\cdots\cdots\cdots\cdots\cdots\cdots\cdots\cdots\cdots (4.17)$$

와 같이 쓸 수 있을 것이다. 가장 간단한 단일 입자 지름의 확산을 비롯하여 막대상 분자의 병진·회전확산, 굴곡성 고분자의 분자 내 운동, 반굴곡성 분자의 운동 등 이론적으로 $G(\Gamma)$의 형태가 예측되는 경우는 그에 부합한 해석을 하면 된다. 그러나 대부분의 경우 $G(\Gamma)$의 모습은 사전에 알 수 없고, 따라서 $g^{(1)}(\tau)$에서 $G(\Gamma)$를 결정하는 작업이 필요하다.

식(4.17)에 대하여, 지금까지 여러 가지 해석 방법이 고안되었지만, 여기서는 가장 간편하고 또 가장 많이 사용되고 있는 큐믈란트 (cumulants)법을 소개하겠다. 큐믈란트법은 시간상관함수의 대수를

$$\ln|g^{(1)}(\tau)| = -\overline{\Gamma}\,\tau - \frac{1}{2!}\mu_2\tau^2 - \frac{1}{3!}\mu_3\tau^3 + \cdots$$

와 같이 $-\tau$에 관하여 전개하는 것으로, 1차의 계수 $\overline{\Gamma}$는 완화속도의 평균을, 2차의 계수 μ_2는 완화속도의 분포 폭을, 3차의 계수 μ_3는 분포의 일그러짐을 각각 표시하고 있다. 보통 3차 이상의 고차항은 포함하지 않는다. 측정의 정밀도 문제상 3차 보다 위의 항을 포함하면 오히려 $\overline{\Gamma}$와 μ_2의 신뢰성이 회손될 수도 있으므로 주의해야 한다. 큐믈란트법은 두 피크를 갖는 $G(\Gamma)$의 해석에는 적합하지 않다.

적용 범위가 보다 넓은 해석법으로는 프로벤처 (Provencher)가 고안한 CONTIN이란 명칭의 알고리즘이 있다. CONTIN 알고리즘에서는 오차를 포함한 $g^{(1)}(\tau)$의 측정 데이터로부터 신뢰할 수 있는 식 (4.17)의 역변환을 얻기 위한 여러 가지 연구가 되고 있다. CONTIN

프로그램에 관해서는 이미 다양한 경우에 대하여 테스트가 되었으며
양호한 결과를 얻었다. 쉽게 입수할 수도 있으므로 현재 많은 연구자
들이 이용하고 있다(오카다 마모루/도쿄공업대학).

참고문헌

1) B. J. Berne, R. Pecora : Dynamic Light Scattering, John Wiley. (1976)
   동적 광산란의 원리와 관련되는 비평형 통계역학에 관하여 특히 상세하게,
   필요한 기초 개념에 대해서도 생략하지 않고 친절하게 서술되어 있다. 식의
   산출도 상세하다.
2) B. Chu : Laser Light Scattering, 2nd ed., Academic Press. (1991)
   측정 장치, 해석법 등 실제 측정에 관하여 매우 상세하게 기술하고, 또 최신
   의 정보를 제공하고 있다.
3) R. Pecora, ed : Dynamic Light Scattering, Plenum Press. (1985)
   본문에서 다루지 못했던 동적 광산란의 다양한 계에 대한 응용 예가 풍부한
   문헌과 함께 얘기되고 있다.
   이상 3권은 상보적이고, 특히 앞의 2권은 필히 참조하기 바란다.

제 5 장 나노초 시간분해 흡수분광

5·1 머리말

근년 고분자를 광기능성 재료로 활용하려는 연구가 활발하게 진행되고 있다. 이때 고분자계에서 일어나는 광물리적 혹은 광화학적 과정 (들뜬 에너지 이동, 광전자 이동, 광반응 등)을 먼저 충분히 이해하는 것이 재료설계에 있어 불가결하다. 레이저 광분해법 (laser photolysis) 은 이와 같은 반응기구 해석에 강력한 수단이 된다. 감도가 매우 높은 형광법에 비하여 레이저광 분해법은 감도가 반듯이 높은 것은 아니지만 과도흡수 스펙트럼을 직접 관측하여 발광하지 않는 중간체의 거동도 추적할 수 있는 점에서 중요한 수단이 된다.

최근에는 나노초에 머무르지 않고 피코초 펨토초 광펄스를 이용하는 레이저 분광법도 개발되었다. 나노초 레이저 광분해법에서는 수 나노초보다도 긴 수명을 갖는 중간체 흡수가 측정 가능하다. 따라서 이 시간 영역의 수명을 갖는 중간체로서는 들뜬 3중항 상태, 들뜬 1중항 상태에서도 수명이 긴 것 및 그로부터 생성되는 엑시머나 엑시플렉스 등이 측정대상이 된다. 이 장에서는 나노초 레이저 광분해법의 측정법[1,2]과 그것을 사용한 용액 속에서의 고분자 곁사슬의 3중항 상태 연구 예 및 고분자 이온 라디칼의 반응해석 예를 기술하겠다.

5·2   레이저 광분해법

레이저 광분해법에서는 들뜬 광펄스로 레이저 광원에 의한 나노초 펄스, 피코초 펄스 혹은 펨토초 펄스를 사용하여 시료를 들뜨게 하고, 생성한 중간체의 과도 흡수 스펙트럼 및 그 시간변화를 프로브 광을 사용해 분광 측정해서 반응을 해석한다.

들뜬 광과 프로브 광의 배치는 그림 5-1과 같이 직교형(a), 동축형 (b), 준동축형(c) 등이 있다.

직교형은 광학계 조정이 간편하고, 뒤의 광학적 해석이 용이하며, 빛의 산란에 강하기 때문에 많이 사용되고 있다. 단점은 열렌즈효과 에 약한 점이다.

동축형은 들뜬 파장에서만 높은 반사율을 가지고, 그 이외의 영역 에서는 투과율이 높은 유전체 다층막 거울로 들뜬광을 반사시켜 시료 를 들뜨게 한다. 이 방식은 매우 얇은 셀과 긴 셀에도 사용할 수 있 고, 열렌즈효과에 강하지만 빛의 산란에는 약하다.

준동축형은 위의 방식들을 절충한 것이므로 양자의 특징을 모두 가 지고 있다. 이 방식에서는 시료셀 속의 들뜬광과 모니터광의 중첩은 엄밀하지 않다.

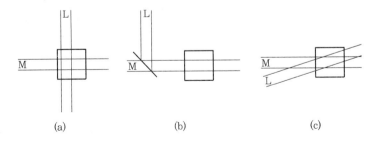

(a)   (b)   (c)

그림 5-1   **레이저 들뜬광(L)과 모니터광(M)의 배치**

그림 5-2는 현재 사용되고 있는 나노초 레이저 광분해 장치의 개략도이다. 광원은 엑시머 레이저(excimer laser)이고, 보통은 들뜬 광으로 너무 강하기 때문에 감광필터를 통하여 시료를 조사한다. 들뜬 광 펄스와 동기하여 분광계를 작동시켜 중간체의 과도흡수 스펙트럼을 측정한다. 레이저광 펄스의 파장은 가스 교환으로 가변한다.

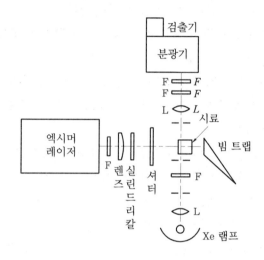

그림 5-2 **나노초 레이저 광분해 장치의 개략도**

XeCl 가스를 사용하면 308 nm, 1펄스당 약 150 mJ, fwhm 17 ns의 펄스광이, XeF 가스로는 351 nm, 약 60 mJ, fwhm 20 ns의 펄스광을 얻을 수 있다. 분광계는 펄스 점 등 크세논 램프, 분광기, 광전자증배관으로 구성된다.

증배관의 신호는 스트레이지 오실로스코프에 입력하여 마이크로 컴퓨터로 처리한다. 이 시스템은 350~900 nm의 파장 범위를 측정할 수 있으며, 약 5ns의 시간 분해능을 갖는다. 스펙트럼 측정은 일점법으로 분광하는 방식인데, 레이저광 펄스가 안정되어 있으므로 충분한 정밀도(흡광도 0.01 이하)로 측정할 수 있다.

또 미약한 흡수의 측정은 바이어스를 걸어 필요한 부분만의 신호를 확대 처리하여 적산하면 된다. 그림 5-2에서는 엑시머 레이저를 들뜬 광원으로 사용하고 있는데, 그 밖에 질소레이저[3,4], Nd : YAG 레이저[5] 등이 사용된다. 표 5-1은 대표적인 레이저의 종류와 그 특성을 비교한 것이다.

표 5-1 **나노초 들뜬 광선**[1]

Nd : YAG 레이저			
파장	266nm	356nm	532nm	1064nm
출력/펄스(10pps)	80mJ	200mJ	400mJ	900mJ
펄스폭 fwhm	······ 5~7 ns ······		
빔형	······ 6 mmϕ 준가우스분포		

엑시머 레이저			
발진파장	193nm	248nm	308nm	351nm
출력/펄스(10pps)	150mJ	250mJ	150mJ	100mJ
펄스폭 fwhm	10ns	17ns	20ns	23ns
빔형	······ 5~12×23 mm^2 ······		

질소 레이저	
발진파장	337.1nm
출력/펄스(10pps)	2mJ
펄스폭 fwhm	6ns
빔형	5×20 mm^2

1) Nd : YAG 레이저에 대해서는 Continuum사의 NY 캐다록 값을, 엑시머 레이저에 대하여서는 Lambda physik사의 LPX 100의 값을, 질소 레이저에 대해서는 우쇼우 UL-5020의 값을 인용하였다.

모니터 광원으로서의 펄스 점등 크세논 램프는 정상광(定常光)용 크세논 램프를 약하게 점등시켜 두고, 들뜬 펄스와 동기하여 모니터 광의 휘도를 순간적으로 높임으로써 휘도가 높은 모니터광을 얻을 수 있다.[6] 광 강도 편탄부는 약 100~250 μs이다. 이 밖에 크세논 섬광램

프와 사진의 스트로보도 충분히 사용할 수 있다. 또 $10\,\mu s$ 보다도 수 명이 긴 중간체의 경우는 정상광 Xe램프의 빛을 프로브광으로 사용 하고 있다.

광검출기로는 **광전자증배관**(photo multiplier tube : PMT)이 많이 사용되고 있다. 응답시간을 단축하기 위해 사이드온형의 PMT 다이노 드(dynode) 9개 중에서 5개만을 사용하는 방식[7]과 다이노드 9단을 사용한 동력학 해석용의 PMT 사용법[8]도 제안된 바 있다. PMT의 시 정수와 포화(saturation)에 주의할 필요가 있다.

광검출기로는 고감도의 멀티채널 광검출기를 사용할 수도 있다[9]. 이 검출기를 사용하면 파장소인하지 않고도 시간분해 스펙트럼 측정 이 가능하다. 이 검출기는 리니어 이메지 센서(linear image sensor) 에 이메지 인텐시파이어(image intensifier)가 붙어 있어 고감도의 멀 티 채널 광검출기이다. 최고속으로 5~10 ns의 게이트를 작동시킴으 로써 이 시간 폭의 시간분해 스펙트럼을 측정할 수 있다.

파장영역은 파이버 플레이트가 창재(窓材)일 때는 멀티 알칼리 광 전면에서는 350~910 nm이다. 데이터 수집과 해석은 컴퓨터 제어로 한다. 예를 들면, 백그라운드의 보정, 스펙트럼의 평활화, 상이한 스 펙트럼의 합차산(和差算) 등의 파형해석을 컴퓨터로 한다.

광검출기로 Ge, InAs, InSb 등의 적외선 검출기를 사용하면 적외 부에 측정영역을 넓힐 수 있다. InAs 광기전력형 소자를 사용한 경우 측정 영역은 $0.6\sim2.5\,\mu m$(감도는 $3.5\,\mu m$까지이지만 용매의 흡수로 인 하여 $2.5\,\mu m$보다 장파장은 측정이 불가능), 응답시간은 약 $0.5\,\mu s$가 된다[10]. 고속 Ge검출기(수광면적 $0.1\,mm\phi$)에서는 측정영역이 0.6 ~1.8 μm, 응답시간은 약 0.5 ns로 할 수 있다. 과도흡수의 시간감쇄 를 해석할 때는 측정 광학계(그림 5-1)의 선택에 충분한 주의가 필요 하다. 즉, 중간체를 고농도로 생성할 때 1차 감쇄이면 문제가 없지만 2차 감쇄 때는 그 속도가 농도에 의존한다. 따라서 모니터광 속에서 의 중간체 농도구배가 생기는 일은 가급적 피해야 한다.

이 밖에, 셀 속에 레이저광을 집광시키면 쉽게 2광자 들뜸이나 열 렌즈 효과가 일어난다. 탈기 (脫氣)한 용매에서는 가열 또는 유전 파 괴가 일어나 돌비 (갑자기 끓어)하여 겉보기에 장수명의 흡수를 주는 수가 있다. 또 이와 같은 때에는 불활성 가스를 도입하거나 들뜬 광 강도를 약하게 할 필요가 있다.

과도흡수를 측정할 때, 시료가 형광을 발생하는 것일 때에는 평행 한 모니터광을 사용하고, 시료 셀에서 분광기, 검출기를 가급적 떨어 지게 하여 형광의 기여를 적게 한다.

그 밖에 일반적인 경우와는 조금 다른 실험조건 아래서, 예컨대 저 온 (77 K)[11]이나 고압 (300MPa)[12] 아래서 측정할 수도 있다.

5·3 고분자 곁사슬의 들뜬 3중항 상태

(1) 3중항, 3중항 소멸

들뜬 일중항 상태에서 항간 (項間) 교차로 생성하는 최저 들뜬 3중 항 상태 (T_1)의 수명은 T_1에서 기저상태 (S_0)로의 전이가 스핀 금제 (禁制)이기 때문에 실온, 용액상태에는 $\mu s \sim ms$의 시간영역에 있는 것이 많다. 이 T_1에서 높은 3중항상태(T_n)로의 전이가 3중항상태의 흡수 스펙트럼 $T_n \leftarrow T_1$ 흡수이다. $T_n \leftarrow T_1$ 흡수의 리딩 에지(leading edge)는 T_1의 생성 속도로, S_1으로부터의 항강교차 속도에 대응하며 피코초에서 나노초의 시간영역에서 관측된다.

T_1의 감쇄속도는 T_1이 갖는 고유 수명, 3중항-3중항 소멸 $(T-T$ annihilation), 3중항 에너지 이동, 혹은 3중항의 반응 등에 따라서 결 정된다. 여기서는 고분자 곁사슬에 생성하는 방향족기의 들뜬 3중항 상태에 대하여 $T-T$ 소멸과 3중항 에너지 이동에 대하여 설명하겠다.

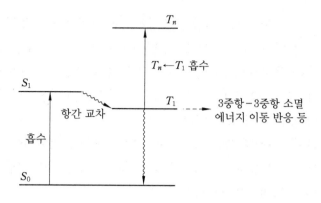

그림 5-3 **에너지 준위도**

Poly(NSt-co-MMA)   EPNK

먼저 $T-T$ 소멸의 예에 대하여 기술하겠다. 지금 p-(2-나프트이루 스티렌)(NSt)와 메타크릴산 메틸(MMA)의 라디칼 공중합체(MW $= 2 - 20 \times 10^4$)에 대하여, THF 용액 속에서 나노초 레이저 광분해법 (루비 레이저 347 nm, 펄스 반값폭 14 ns, 3.02×10^{-8} einstein/pulse)을 사용하여 나프트 페논(NP)기의 들뜬 3중항 상태의 감쇄거동에 대하여 조사하였다.[13] 그림 5-4는 펄스광이 들뜬 후 $10 \ \mu s$ 에서의 NSt 호모 폴리머의 과도흡수 스펙트럼이다. 나프트 페논기의 $T_n \leftarrow T_1$ 흡수의 극대가 445 nm에 있다. 이 극대 파장에서의 시간감쇄를 측정한 예가 그림 5-5이다. 조성이 다른 공중합체 용액에서 347 nm의 흡수도를 0.9 (폴리머 농도는 0.5 중량 % 이하)가 되도록 조제하여 실온에서 측정한 오실로 그램이다.

참고로, 저분자 모델 4-ethyl-phenyl-2-naphthyl・ketone (EPNK) 의 시간감쇄도 도시하였다.

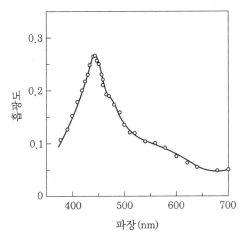

들뜬 후 10μs, 20℃, 용매 디클로로 메탄

그림 5-4 NSt 호모폴리머의 과도흡수 스펙트럼

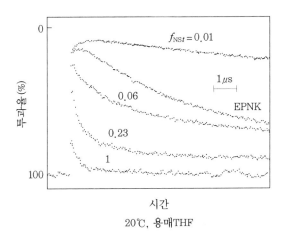

20℃, 용매THF

그림 5-5 조성이 다른(NSt-MMA) 공중합체의 445nm에서의 오실로그램

EPNK 3중항의 시간감쇄는 2차 반응에 따르고, 분자 간 $T-T$ 소멸로 실활(失活)한다. 그 속도상수는 $k_{T-T} = 5 \times 10^9 M^{-1}s^{-1}$ 이 되어, 거의 확산율속이다. 고분자계에서 NP기가 고립되어 있는 시료에서는, 즉 NSt의 분률이 낮은 시료 $f_{NSt} = 0.01$ 에서는 감쇄는 1차이고, 그 속도상수 k_n 는 $5 \times 10^4 s^{-1}$ 이다. f_{NSt} 가 높아질수록 NP 3중항의 감쇄는 현저하게 빨라진다. 그 감쇄거동은 대부분이 빠른 성분이고, 늦은 성분이 약간 남는다. 빠른 성분은 2차 감쇄이며, 분자 안의 $T-T$ 소멸에 기인한다. 이 속도상수 k_{T-T} 는 조성 f_{NSt} 에 크게 의존하며, f_{NSt} 가 클수록 k_{T-T} 도 커진다. 그 값은 $10^9 \sim 10^{12} M^{-1}s^{-1}$ 의 범위에 있다. 늦은 성분은 고립된 NP기에 의한 것으로, f_{NSt} 가 커질수록 감소한다. $f_{NSt} = 0.1 \sim 0.6$ 의 범위에서 2차 감쇄속도 상수 k_{T-T} 의 활성화 에너지는 약 2.5kcal/mol이다. 그림 5-6은 전체 상을 보인 것이다.

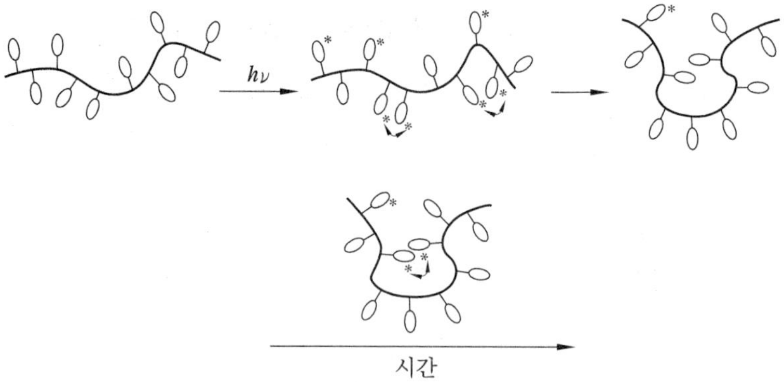

그림 5-6 T_1 실활의 모식도

고강도 레이저 광 들뜸으로 들뜬 발생단의 T_1 은 고분자 사슬 중에 고밀도로 생성하지만 대부분의 T_1 은 상호 확산에 의한 $T-T$ 소멸로 실활한다. T_1 과 T_1 의 거리는 일정하지 않지만 고분자 사슬의 분자운동에 의해서 T_1 상호가 충돌함으로써 소멸한다. 그 상호 작용은 교환형이고, T_1 상호의 분자충돌에 의해서 일어난다. 약간의 T_1 은 잔존하였다가 고립된 NP기 고유의 수명으로 실활한다.

이와 같은 $T-T$ 소멸이 일어나서 무엇이 생성되는지, 본 계(系)에서는 미지이지만, 다음과 같은 과정이 알려져 있다.

$$^3M^* + {}^3M^* \rightarrow {}^1M^* + M \quad\quad\quad\quad (5.1)$$

$$\rightarrow {}^1D^*, {}^3D^* \quad\quad\quad\quad (5.2)$$

$$\rightarrow {}^2M^+ + {}^2M^- \quad\quad\quad\quad (5.3)$$

$$\rightarrow M + M \quad\quad\quad\quad (5.4)$$

여기서 D는 엑시머이다. 식 (5.1)은 지연형광을 발생하는 과정을, 식 (5.2)는 1중항 또는 3중항 엑시머 형성 과정을, 식 (5.3)은 이온화 과정을, 식 (5.4)는 단순한 실활 과정을 나타내고 있다.

(2) 3중항 증감과정

들뜬 3중항 상태 도너는 적당한 액셉터(acceptor)와의 조합으로 에너지 이동을 일으킨다. 즉, 3중항 에너지 이동이 일어난다.

$$^3D^* + A \xrightarrow{k_t} D + {}^3A^* \quad\quad\quad\quad (5.5)$$

액셉터가 없을 때의 도너 3중항의 수명을 $\tau(D)_0$ 로 하고, 액셉터 A가 존재하는 때의 도너 수명을 $\tau(D)$ 로 하면 다음의 Stern-Volmer의 식이 성립한다.

$$\tau(D)_0 / \tau(D) = 1 + \tau(D)_0 \cdot k_t \cdot [A] \quad\quad\quad\quad (5.6)$$

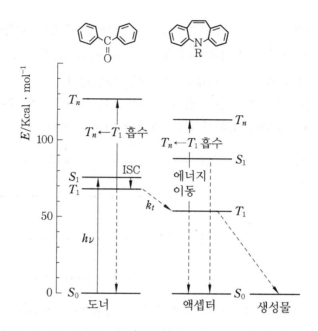

그림 5-7 **벤조페논(BP)과 디벤조아세핀(DBA)의 에너지 준위도**

여기서 k_t 는 식 (5.5)의 에너지 이동속도 상수이고, [A]는 A의 농도
이다. 이 과정도 교환 상호 작용에 의해서 일어나는 것이며 D분자와
A분자의 충돌로 인해서 야기된다. 따라서 이 과정이 발열일 때 속도
상수 k_t 는 확산율속이 된다.

그림 5-7에서 디벤조아세핀(DBA)기는 직접 들떠도 무복사 실활로
소멸할 뿐 3중항(T_1)은 생성하지 않는다. DBA기는 S_1의 수명이 매우
짧고, 그 때문에 항간 교차비율이 작아져 T_1 생성 양자흡수(77K에서
인광의 양자수율은 10^{-3} 이하)가 낮기 때문인 것으로 믿어진다. 그러나
벤조페논(BP)으로 증감하면 3중항 에너지 이동이 일어나, DBA기의
T_1이 효율적으로 생성된다. 이렇게 생성한 들뜬 3중항 DBA기는 기저
상태 DBA기와 쉽게 고리화 부가반응을 일으킨다. 따라서 양쪽 말단에
DBA기를 갖는 광 2관능성 모노머 DC-10을 BP로 3중항 증감하면 말단

기간의 부가반응이 일어나, 단계적으로 중합한다 (그림 5-8)[14].

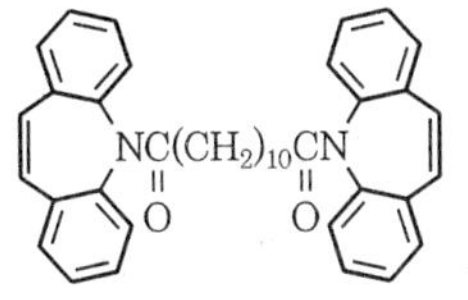

$$DC-10$$

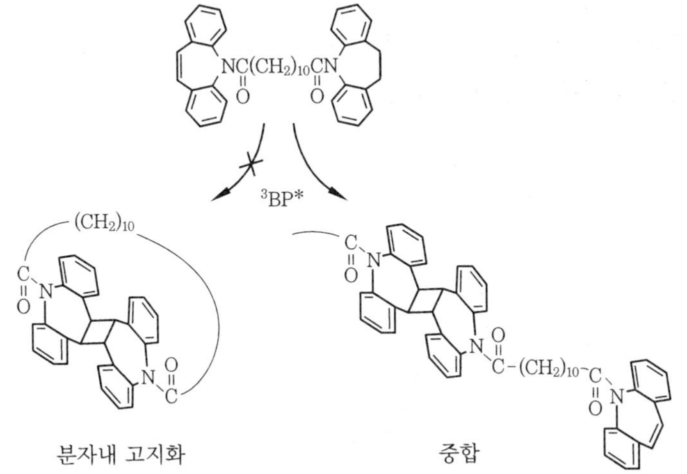

분자내 고지화   중합

그림 5-8 DC-10의 광반응 경로

그림 5-9는 BP를 함유한 DC-10 용액의 레이저광분 해법으로 관측한 과도흡수 스펙트럼이다. 520 nm의 흡수 극대는 들뜬 3중항 BP에 의한 것이고, 이것이 소실됨에 따라 420 nm에 흡수 극대를 갖는 $^3DBA^*$가 증가하게 된다. 이 결과를 식 (5.5)를 써서 해석한다.

BP의 $\tau(D)_0 = 3.6 \times 10^{-6}s$이고, $\tau(D)_0 / \tau(D)$와 (A)의 관계로부터 $k_t = 3 \times 10^9 M^{-1}s^{-1}$을 구할 수 있다. 따라서 이 3중항 에너지 이동은 확산율속인 것을 알 수 있다.

이 계에서는 $E(^3BP^*) = 69$ kcal/mol, $E(^3DBA^*) = 54$ kcal/mol이

고, 이 3중항 에너지 이동은 15 kcal/mol의 발열 반응에 의해서이다
(그림 5-7). DBA 3중항의 수명은 $17\mu s$ 이다. DBA기의 부가반응 양자
수율은 높아, [DBA] $= 2.0 \times 10^{-3}$ mol/1에서 0.15이다. 이 부가반응
은 단계적 부가이고, 광조사와 함께 중합도가 커지다가 반응도
$p = 0.997$에서 170량체의 폴리머가 획득된다. 이 경우 분자 안의 고리
화 반응과 부가반응의 두 가지 가능성이 있지만 메틸렌 사슬 $n = 10$으
로 함으로써 분자 안 고리화가 일어나는 것을 어렵게 하고 부가반응만
을 진행시키고 있다. 이처럼 3중항 증감 과정을 직접적으로 추적함으
로써 광반응기구의 상세를 규명할 수 있다.

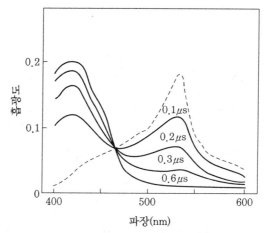

점선은 BP의 $T_n \leftarrow T_1$ 흡수 스펙트럼, [BP] $= 2.5 \times 10^{-3}$ mol l^{-1},
[DBA] $= 2.0 \times 10^{-3}$ mol l^{-1}, 용매 디크로로 메탄

그림 5-9 **BP증감 DC-10의 $T_n \leftarrow T_1$ 흡수 스펙트럼**

5·4 고분자 라디칼 이온

(1) 라디칼 이온 이동법

희박 용액 속의 고분자 곁사슬의 방향족기는 광들뜸되면 들뜬 에너지 이동을 일으키는 동시에 인접기와의 상호 작용으로 쉽게 분자 속 엑시머를 형성한다. 고분자 곁사슬의 방향족기가 광이온화 되었을 때 생성한 라디칼 이온이 어떻게 거동하고, 어느 정도 국재 (局在)화되어 있느냐 하는 문제는 광기능성 고분자를 분자설계하는 데 있어 매우 중요하다. 여기서는 먼저 광전자 이동으로 생성한 라디칼 카티온이 양이온의 액셉터로 이동하는 동력학만을 설명하고, 다음 (2)에서 나노초 레이저 광분광법으로 연구한 예를 설명하겠다.

극성용매 중, 전자수용체 A의 존재 아래 전자공여체 D_1을 광 들뜨게 하면 광전자의 이동으로 라디칼 이온 D_1^+, A^-이 생성한다.

$$D_1^* + A \xrightarrow{h\nu} D_1^+, \ A^- \quad \cdots\cdots\cdots (5.7)$$

다음에 라디칼 이온은 재결합 반응으로 소실한다 (식 (5.8)). 따라서 라디칼 이온 D_1^+ 또는 A^-의 소실은 다른 반응이 없다면 2차 반응이 된다. 따라서 식 (5.9)가 성립한다.

$$D_1^+ + A^- \xrightarrow{k_{r1}} D_1 + A \quad \cdots\cdots\cdots (5.8)$$

$$1/[D_1^+] - 1/[D_1^+]_0 = k_{r1} \cdot t \quad \cdots\cdots\cdots (5.9)$$

만약 제2의 강한 공여체 (D_2, 라디칼 카티온 수용체)가 존재하면 D_1^+에서 D_2로 라디칼 카티온 이동하는 반응 (식 (5.10))이 식 (5.8)의 반응과 경쟁한다.

$$D_1^+ + D_2 \xrightarrow{\ k_{tr}\ } D_1 + D_2^+ \quad \cdots\cdots\cdots\cdots\cdots\cdots (5.10)$$

D_2^+ 는 식 (5.11)에 의해 소실한다.

$$D_2^+ + A^- \xrightarrow{\ k_{r2}\ } D_2 + A \quad \cdots\cdots\cdots\cdots\cdots\cdots (5.11)$$

따라서 식 (5.12)~(5.14)가 성립한다.

$$d[D_1^+]/dt = -k_{tr}[D_1^+][D_2] - k_{r1}[D_1^+][A^-] \quad \cdots\cdots\cdots (5.12)$$

$$d[D_2^+]/dt = k_{tr}[D_1^+][D_2] - k_{r2}[D_2^+][A^-] \quad \cdots\cdots\cdots (5.13)$$

$$d[A^-]/dt = -k_{tr}[D_1^+][A^-] - k_{r2}[D_2^+][A^-] \quad \cdots\cdots\cdots (5.14)$$

$k_{tr}[D_2] \gg k_{r1}[A^-]$ 일 때, D_1^+ 는 의사 1차 반응으로 소실한다. 따라서 식 (5.15)가 성립한다.

$$\ln[D_1^+] = -k_{tr}[D_2] \cdot t + C \quad \cdots\cdots\cdots\cdots\cdots\cdots (5.15)$$

여기서 도너 D_1^+ 에서 악셉터 D_2 로 라디칼 카티온 이동할 때의 전자 이동 속도 k_{tr} 에서 D_1^+ 의 안정화를 평가하는 방법을 '라디칼 카티온 이동법'이라 한다.

지금 라디칼 이온의 반응 해석을 하는 경우, 실활이 2차 반응일 때 속도상수 k_{r1} 을 구하기 위해서는 라디칼 이온의 분자흡광계수 ε 이 필요하다. 이온종의 ε 를 결정하는 방법으로는 다음의 것이 있다.

① 강체 용액 속에 일정 농도의 용질을 용해하고, 이것을 γ 선을 조사하여 모든 용질을 이온화했을 때의 흡광도를 측정한다. 용매로 라디칼 카티온을 생성하고자 할 때는 sec-염화뷰틸을, 라디칼 아니온을 생성하고자 할 때는 2-메틸 THF를 사용하면 된다.[15]

② 분자흡수계수가 기지의 공여체(수용체)와 미지의 수용체(공여

체) 사이의 광전자 이동에 의해서 생성하는 이온 라디칼의 과도
흡수 스펙트럼을 레이저 광분해법으로 측정하여 시간 제조에 외
삽함으로써 상대적으로 ε를 결정할 수 있다.
③ 라디칼 아니온의 경우, 진공 라인 중 Na 거울 위에서 모든 용질
을 이온화하여 흡광도를 측정한다.

(2) 고분자 곁사슬의 방향족기 라디칼 이온의 안정화

나노초 레이저 광분해법을 사용하여 고분자 라디칼 이온의 안정화
를 조사한 예를 소개하겠다[16]. 시료 폴리 (N-비닐카르바졸)(PVCz)를
전자수용체 존재 아래 광들뜸하여, 광전자 이동을 일으켜 카르바졸
(carbazole)기의 라디칼 카티온 (Cz^+)을 생성하고 이 Cz^+의 안정화를
조사하였다. 해석에는 라디칼 이온의 과도흡수 스펙트럼, 특히 전하
공명대를 해석하는 분광적 방법과 방향족기 라디칼 이온을 저분자 라
디칼 카티온 수용체에 이동시키는 전술한 '라디칼 이온 이동법'을 사
용하였다.

PVCz

poly (VCz-co-MMA)

DCNB

DPA

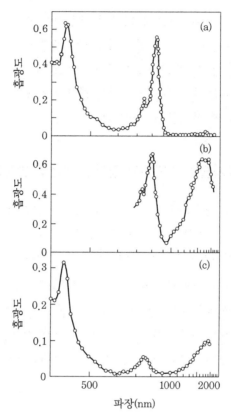

흡광도 (308 nm) = 1.8, [DCNB] = 8.0 × 10⁻² M, 용매 DMF

그림 5-10   **VCz-MMA 공중합체 A1(a), A3(b) 및 PVCz(C)의 들뜬 후 2μs의 과도흡수 스펙트럼**

그림 5-10은 DMF 용액 중 PVCz 및 N-비닐카르바졸 (VCz)과 메타크릴산 메틸 (MMA)의 공중합체 (A1 : VCz 7mol%, A3 : VCz 37mol%)를 p-디시아노벤젠 (DCNB)의 존재 아래서, 광 들뜸하였을 때 들뜬 후 2 μs 후의 과도흡수 스펙트럼이다. 800 nm 근방 및 430 nm의 흡수대는 Cz^+ 및 $DCNB^{\bar{}}$ 에 귀속된다. Cz 함량이 적은 시료 A1 에서는 Cz^+ 흡수대가 샤프하지만 Cz 함량이 증가하면 브로드로 되는 동시에 근적외부에 새로운 흡수대가 출현한다. 이것은 전하공명

(charge resonance) 대 (CR대)라고 하며, 발색단 간에 전하의 공명이 일어날 때에 나타난다 (그림 5-11)[17].

2량체에서는 흡수 피크의 약 절반이 안정화 에너지 ΔH에 상당하다. 전하가 다수 개인 발색단에 비국재화할수록 긴파장쪽으로 시프트한다. 2량체 모델 화합물의 CR대와의 비교로 PVCz에 생성하는 라디칼 이온은 3개 이상의 Cz 고리 사이에서 비국재화되어 있는 것으로 생각된다.[18]

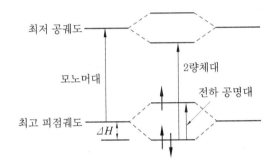

그림 5-11 **라디칼 이온과 중성분자의 상호작용**

다음에 PVCz 사슬 중의 Cz^+ 의, 전자 이동에 따른 ΔG를 측정하는 방법을 설명하겠다. 이 방법을 설명하기 위해서는 먼저 고분자 겉사슬 속에 고립하여 존재하는 Cz^+ 기에 대하여 전자이동 속도상수 k_e 와 ΔG의 관계를 구한다. 그림 5-12는 시료 Al-DCNB계를 광이온화하였을 때의 Cz^+ 흡수피크 (820 nm)의 감쇄곡선 (a) 및 이 계에 라디칼 카티온 수용체, 디페닐아민 (DPA)을 첨가하였을 때의 Cz^+ 흡수대의 감쇄 (b) 및 DPA^+ 의 leading edge (c)를 나타내고 있다. Cz^+ 는 2차 감쇄하지만 그림 5-12(a)에서는 $1\mu s$ 이하의 단시간 영역이 보이고 있으며, 이 영역에서는 Cz^+ 은 거의 감쇄하지 않는다. DPA의 첨가로 Cz^+ 에서 DPA로 라디칼 카티온 이동이 일어나 Cz^+ 는 의사 1차로 감쇄한다. 식

(5.15)를 써서 이 감쇄곡선에서 k_{tr} 을 구할 수 있다. 진정한 전자이동 속도

상수 k_e 는 k_{tr}^{-1} 에서 확산과정의 기여 k_d^{-1} 을 공제함으로써 구할 수 있다.

$$k_e^{-1} = k_{tr}^{-1} = k_d^{-1} \quad \cdots\cdots\cdots\cdots\cdots\cdots\cdots\cdots\cdots\cdots\cdots (5.16)$$

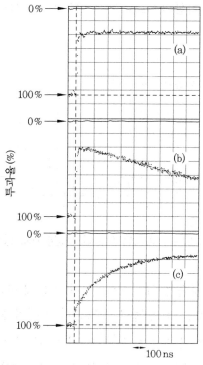

[DCNB]$= 6.4 \times 10^{-2}$M, 용매 DMF

(a) DPA가 없을 때의 Cz^+ (820 nm)의 감쇄

(b) DPA$= 0.7 \times 10^{-4}$M을 첨가했을 때의 Cz^+ (820 nm)의 감쇄

(c) DPA$^+$ (680 nm)의 leading edge

그림 5-12   VCz-MMA 공중합체 A1에서의 라디칼 카티온 이동

k_d 에는 전자 이동이 충분하게 발열영역에 있는 확산율속계에서의

실측 $k_{tr} (= 3.1 \times 10^9 M^{-1}s^{-1})$ 을 사용하였다. 한편, 전자이동에 따른

자유에너지 변화 ΔG는 식 (5.17)을 써서 구할 수 있다.

$$\Delta G = E_{1/2}^{ox}(D_2) - E_{1/2}^{ox}(A1) \quad\cdots\cdots\cdots\cdots (5.17)$$

여기서 $E_{1/2}^{ox}(A1) \simeq E_{1/2}^{oz}(EtCz) = 1.18V$ vs. SCE로 쓸 수 있다. 따라서 ΔG는 D_2의 산화전위 $E_{1/2}^{ox}(D_2)$를 전기화학적으로 측정함으로써 얻을 수 있다. 몇 개 D_2에 대하여 이렇게 구한 k_e와 ΔG의 관계를 그림 5-13에 제시하였다. 이 관계는 고분자 곁사슬 안에 고립하여 존재하는 Cz기에 대한 k_e와 $\Delta G(Al^+ - D_2)$의 관계이다.

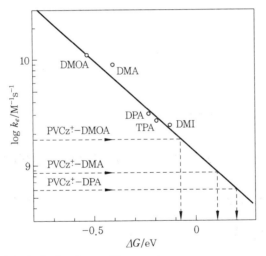

DMOA : 2, 5-dimethoxyaniline
DMA : N, N-dimethylaniline
TPA : triphenylamine
DPA : diphenylamine
DMI : 1, 2-dimethylindole

그림 5-13 $Al - D_2 k_e$와 ΔG의 관계

이 관계를 이용하면 PVCz 사슬 중의 인접기간 상호작용을 갖는 Cz^+에 대하여 전자이동에 따른 $\Delta G(PVCz^+ - D_2)$를 측정할 수 있다. 즉,

PVCz 사슬 중의 Cz^+를 각종 D_2(DMOA, DMA, DPA 등)에 라디칼 카티온 이동하였을 때의 k_{tr}를 측정하고, k_d를 보정하여 k_e를 산출한 다음, 다시 그림 5-13의 관계를 이용하여 $\Delta G(PVCz^+ - D_2)$를 구한다.

라디칼 카티온 이동의 각 상태를 열역학적으로 고찰한 에너지도를 그림 5-14에 도시하였다.

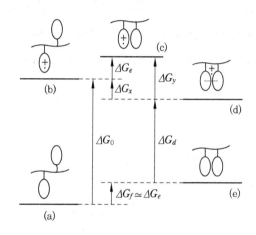

그림 5-14 **상호 작용하는 라디칼 카티온의 열역학적 상태도**

그림 5-14를 참조하여 안정화 에너지 ΔH는 다음 식으로 주어진다.

$$\Delta H = \Delta G_y = \Delta G_0 - \Delta G_d$$
$$= \Delta G(A1^+ - D_2) - \Delta G(PVCz^+ - D_2) \quad \cdots\cdots\cdots\cdots (5.18)$$

따라서 어떤 D_2에 대한 $\Delta G(PVCz^+ - D_2)$에서 식 (5.18)을 써서 ΔH가 산출된다. 이것을 몇 개 D_2에 대하여 구하고, 그 평균값을 취하면 된다. 위에서와 같이 얻어진 Cz^+의 안정화 에너지 ΔH를 표 5-2에 보기로 들었다.

2량체 모델 화합물에 대하여 얻어진 결과도 함께 표시하였다. 그 순서는 2량체 보다도 폴리머 쪽이, 또 2량체에서는 Cz 고리의 중첩이

큰 쪽이 안정화 에너지가 크다. 그리고 고분자 곁사슬의 라디칼 아니
온에 대하여서도 마찬가지로 안정화가 엿보인다[19]. 그러나 라디칼 카
티온에 비하여 그 안정화는 작다.

표 5-2 라디칼 카티온의 안정화 에너지

구 분	$-\Delta H/eV$
EtCz	–
rac-DCzPe	0.13
meso-DCzPe	0.30
DCzPr	0.41
PVCz	0.5

EtCz   DCzPr

DCzPe(rac, meso)

5·5 맺는말

 나노초 레이저 광분해법의 측정법과 그것을 이용한 방향기를 갖는
고분자의 들뜬 3중항 상태의 연구 예와 고분자의 광이온화로 생성되
는 카티온 라디칼 연구 예를 기술하였다. 이 방법은 미약한 스펙트럼
의 측정법, 자외 및 적외영역의 측정법, 저온 측정법 등 아직 연구해
야 할 점이 많지만, 이미 확립된 방법이라 할 수 있다. 앞으로 다양한
고분자계의 광물리적, 광화학적 과정의 기구 해명에는 발광법과 더불
어 불가결한 방법이라 할 수 있다.

참고문헌

1) G. Porter and M. A. West : Investigation of Rates and Mechanisms of Reactions, G. G. Hammers, Ed. Techniques of Chemistry Vol. VI, Wiley–Interscience (1974), Chapter X.

2) 岡田 正, 中島信昭, 増原 宏, 又賀 昇 : 新実験化学講座, 基礎技術 3 光 (II) (1976) p. 604.

3) 吉原経太郎, 住谷 実, 西 克夫, 横山一郎, 長倉三郎 : 応物, **43**, 335 (1974)

4) 八十島清吉, 増原 宏, 又賀 昇, 須崎寛則, 内田照雄, 南 茂夫 : 分光研 究, **30**, 93 (1981)

5) H. Hayasi, S. Nagakura : *Bull. Chem. Soc. Jpn.*, **53**, 1519 (1980)

6) G. Beck : *Rev. Sci. Instrum.*, **45**, 318 (1974)

7) G. Beck : *Rev. Sci. Instrum.*, **47**, 537 (1976)

8) K. R. Naqvi, G. W. Haggquist, R. D. Burkhart, D. K. Sharma : *Rev. Sci. Instrum.* **63**, 5806 (1992)

9) T. Nakayam, T. Yamaguchi, K. Hamanoue, H. Teranishi, T. Nagamura, A. Mugishima, S. Sakimukai : *J. Spectrosc. Soc. Jpn.*, **36**, 126 (1987)

10) 土田 亮, 辻井敬亘, 大岡正孝, 山本雅英 : 日化, 1989, 1285.

11) H. Katayama, S. Maruyama, S. Ito, Y. Tsujii, A. Tsuchida, M. Yamamoto : *J. Phys. Chem.*, **95**, 3480 (1991)

12) M. Okamoto and H. Teranishi : *J. Am. Chem. Soc.*, **108**, 6378 (1986)

13) 椿山教治, 土田 亮, 山本雅英, 西島安則 : 日本化学会 第 51 秋季年会講 演予稿集 II, p.885 (1985)

14) K. Ashikaga, S. Ito, M. Yamamoto, Y. Nishijima : *Polym. J.*, **19**, 727 (1987)

15) W. H. Hamill : Radical Ions, E. T. Kaiser, L. Kevan, Eds., Interscience (1968) Chapter 9

16) Y. Tsujii, A. Tsuchida, Y. Onogi, M. Yamamoto : *Macromolecules*, **23**, 4019 (1990)

17) M. Yamamoto, Y. Tsujii, A. Tsuchida : *Chem. Phys. Lett.*, **154**, 559 (1989)

18) Y. Tsujii, A. Tsuchida, M. Yamamoto, Y. Nishijima : *Macromolecules*, **21**, 665 (1988)

19) A. Tsuchida, N. Masuda, M. Yamamoto, Y. Nishijima : *Macromolecules*, **19**, 1299 (1986)

 고분자 콜로이드·응축계의 피코초 레이저 시간분해 형광분광

6·1 머리말

전형적인 고분자인 비전해질성의 굴곡성 선상 고분자가 유동성 용매로 분산될 때 그 형태는 가용성 용매 속에서는 Flory-Huggins의 격자 모형으로 나타내는 바와 같은 랜덤한 균일 분산을 취하지만, 용해도가 작은 용매 속에서는 고분자 사슬의 응축이 일어나, 분자회합 및 자기조직화에 기인하는 특이적인 응집 구조를 취하는 것으로 알려지고 있다[1,2]. 히드록시 프로필 셀룰로스, 라텍스, 폴리이소프로필 아크릴 아미드 등, 가용성 작용기가 도입된 고분자가 수용액 속에서 만드는 응집체의 형태가 그 예인데, 이러한 응집체의 분자 스케일에서의 구조가 최근 주목을 받고 있다[3]. 미크로 구조 및 그 속에서 일어나는 분자의 동적인 거동을 규명하는 데 있어서 레이저를 사용한 시간분해 형광분광법은 중요한 방법이다.

이 방법은 근년에 피코초, 펨토초 펄스 레이저의 발달과 함께 형광 측정장치의 성능이 향상된 결과, 대상 물질의 범위가 넓어져 많은 분야에서 사용되게 되었다[4~7]. 일반적으로 형광분광법은 광자계수법 (光子計數法)을 이용함으로써 측정감도를 현저하게 높일 수 있고, 또 광검출기의 응답속도가 빠르기 때문에 높은 시간분해능을 가지고 측정할 수 있으므로 다른 분석방법에서 볼 수 없는 특징을 가지고 있다.

여기서는 피코초 레이저 및 광자 계수법에 바탕한 시간분해 형광

분광법의 원리와 장치의 구성에 대하여 개설하고, 수용액 속에서 고분자 응집체의 미크로 구조해석에 관한 2~3가지 실험 사례를 소개하기로 하겠다.

6·2 시간분해 형광계측법의 실험장치

시간분해 형광분광법을 위한 실험장치는 분자의 전자 들뜬상태를 생성하기 위한 들뜬 펄스광원 및 들뜬 분자에서 발생하는 형광을 시간분해 계측하기 위한 관측장치 등의 두 부분으로 구성된다.

(1) 들뜬 펄스광원

이 방법(시간분해 형광계측법)에서 필요한 펄스광원으로는 펄스시간폭이 짧고, 반복 속도가 빠른 것이 요망된다. 표 6-1은 몇 가지 펄스광원의 특성을 보기로 든 것이다. 레이저 기술은 해를 거듭할수록 발전하고 있으며, 1980년대 초에 처음 실용화된 싱크로너스(synchronous) 들뜬모드동기 색소레이저는 이와 같은 조건을 만족시키는 이상적인 광원이므로 현재 이 방법이 보급되고 있다[4~7].

또 최근에는 가시 및 자외역 반도체 레이저가 실용되어, 이것들을 피코초 펄스 발진시킴으로써 시간분해 형광분광을 위한 펄스광원으로 이용할 수 있게 되었다[7]. 표 6-1에는 그 특성이 기록되어 있다. 반도체 레이저의 경우, 레이저의 광학 조정이 불필요하고 가격이 저렴한 것이 특징이지만, 다른 한편 레이저 발진파장이 한정되는 어려움이 있다.

위에서 설명한 실험실 수준의 펄스광원 외에 싱크로트론 궤도방사광(SOR)의 이용도 있다[8]. 이 시설은 최근 설비한 곳이 많고, 또 공개하고 있으므로 누구나 쉽게 이용할 수 있다. 특히 이 경우에는 파장범위가 진공 자외영역까지 확장되어 높은 에너지 광들뜸에 의한 새로운 현상이 기대된다. 그러나 SOR광의 펄스폭, 광강도, 파장영역, 되풀이 속도 측면 등에서 실제로 측정할 때는 특별한 대책을 필요로 한다[9]. 예를 들면, SOR 분광기의 회절격자에는 파장분해능을 다소 희생할지라도 분산이 작은 것을 사용하여 광강도를 크게 하는 것이 바람직하고, 자외영역의 광검출에 대응하기 위해 광전자증배관의 창재로는 CaF_2 등을 사용하며, SOR 펄스광의 되풀이 속도가 빠르기 때문에 TAC 등의 전자회로는 주파수 대역이 넓은 것을 사용하는 것이 바람직하다.

표 6-1 **펄스레이저 및 싱크로트론 궤도 방사광의 펄스광 특성**

구분	되풀이 속도 (Hz)	광강도 ($J \cdot 펄스^{-1}$)	펄스폭 (PS)	파장범위 (nm)
싱크로너스 들뜬 모드 동기 색소레이저[a]	$(8{\sim}40) \times 10^5$	10^{-8}	2	$550{\sim}750$ $(275{\sim}375)[d]$
반도체 레이저[b]	10^4	2×10^{-11}	30	$600{\sim}800$ $({\sim}400)[d]$
싱크로트론 궤도방사광[c]	10^8	10^{-13}	500	$10{\sim}5,000$

a) Nd : YAG 레이저/색소 레이저로 된 피코초 레이저 시스템
b) 완성된 제품으로서는 일본 하마마쓰 호토닉스사 피코세크라이트 펄서 PLP-01
   이 있다.
c) 분자과학연구소 UVSOR의 특성
d) 기본파의 2배 고조파

(2) 시간분해 형광측정장치

들뜬 분자의 수명은 일반적으로 짧아 수 피코초에서 300나노초 사이에 분포되어 있으므로 이것을 직접 측정하기는 어려움이 따른다[9,10]. 특히 폭사 천이확률이 상대적으로 작은 경우에는 S/N가 높은 데이터를 획득하기가 어려워져, 보통 되풀이 펄스 들뜨기에 의해서 형광신

호를 적산하여 데이터의 정확도를 높이고 있다. 그러나 그 적산회로
를 피코초의 분해능으로 실시간 동작시키는 것은 불가능하므로 표
6-2에 보인 바와 같은 여러 가지 조치를 필요로 한다.

아날로그 계측의 샘플링법 및 광오실로스코프법은 시판하는 장치
를 사용하여 누구나 다룰 수 있고 간단하게 측정도 할 수 있으나 형
광 양자수율이 크고 발광강도가 충분히 큰 경우에 국한한다.

한편, 펄스 계측법, 즉 시간상관 광자계수법은 잡음을 낮게 억제할
수 있을 뿐만 아니라 측정량의 리니아리티가 우수하기 때문에 다이나
믹 렌지가 크며, 바꾸어 표현해서 약한 형광 발광에 대하여서도 정밀
하게 측정할 수 있는 장점이 있다. 최소 검출단위인 광전자 1개를 확
실하게 계수할 수 있고, 1초당 1개의 광전자에 상당히 약한 광까지도
측정이 가능하다[11].

표 6-2 각종 시간 분해 형광 분광법
(되풀이 펄스광 들뜨기에 의한 형광신호의 적산방법)

광측 방법		특징	시간 분해능	다이나믹 렌지
아날로그 계측	샘플링법	복스카(boxcar) 적분기 또는 디지털 오실로그래프를 사용하여 특정한 게이트 시간 내의 형광신호를 적산해서 시간분해 측광을 한다.	100ps	10^3
	스트리크 카메라법	광전면의 광전자를 고속 소인 전기장에 의해 소인(sweep)하여 시간분해된 광학상을 얻는다. 시간 및 파장축에 관하여 2차원 측정이 가능하다.	5ps	10^2
	광오실로스 코프법	광전면의 광전자를 고속 소인하여 슬리트를 통과시킴으로써 샘플링을 한다.	10ps	10^4

펄 스 계 측	시간상관 광자 계수법	들뜬 펄스와 형광 펄스의 시간 상관을 관측한다. 다이나믹 렌지 가 크고 데이터의 정밀도가 현저 하게 높다. 비교적 가격이 저렴 하다.	30ps	10^5
	광자계수형 스트리크 카메라법	위에 소개한 아날로그형 스트리 크 카메라에서, 3장의 MCP를 사 용하여 1개 광전자 펄스를 단위 로 적산 계수를 가능하게 했다.	20ps	10^4
	멀티채널 디지털 복스카법	트랜젠트 디지타이저를 멀티채널 펄스 계측기로 사용하고, 컴퓨터 를 멀티채널 스케일러로 사용	2ns	10^4

시간상관 광자계수법은 현재 가장 광범위하게 사용되고 있으며 비교적 저렴하게 피코초 시간 분해능을 가지는 장비를 갖출 수 있다. 이에 대한 상세는 다음 절에서 설명하겠다.

최근 광자계수형 스트리크 카메라가 시판되고 있으며, 스트리크 (streak) 카메라가 가지는 높은 시간분해능과 광자계수법이 가지는 고감도성을 겸비한 성능을 가진 장치가 실용되고 있다[12]. 이제까지의 아날로그형 스트리크 카메라의 경우는 시간 분해능이 우수하였지만 다이나믹 렌지가 10^2 정도에 불과하여 측정 데이터가 정확도면에서 결점이 있었다. 그러나 광자계수형 스트리크 카메라는 다이나믹 렌지가 10^4까지 향상되었으므로 앞으로 시간분해 측정방법으로서는 유용하다. 시간분해능에 관하여서는 더욱 고차의 향상이 요망되며, 100펨토초 영역의 측정을 가능하게 하는 장치의 실용화가 기대된다.

(3) 장치의 구성

앞 절에서 설명한 각 부분을 집합하여 시스템으로 구성한 예로 여기서는 저자의 연구실에서 사용하고 있는 장치에 대하여 소개하겠다.

그림 6-1은 시스템의 구성도이다[4]. 모드 동기 Nd : YAG 레이저는 파장이 1.06 μm, 펄스폭 100 ps, 반복 82 MHz의 펄스광을 발생하고, 또 2배 고조파 발생기, 색소 레이저와 캐비티 댐퍼에 의해서 파장범위 550~660 nm, 2PS의 반값폭을 갖는 펄스로 변환되어, 단발 발진에서 4 MHz까지 사이에 발진 반복 속도를 임의로 설정할 수 있다.

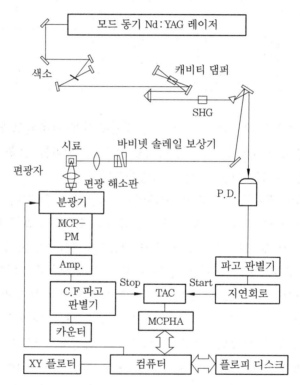

PD : 포토다이오드, TAC : 시간 전압 변환기
MCPHA : 멀티 채널 펄스 파고 분석기
SHG : 제2 고조파 발생기

그림 6-1 **피코초 시간상관 광자계수법의 장치 구성**

기본파 및 제2고조파는 프리즘에 의해서 분리된다. 기본파는 PIN 포토 다이오드에 의해서 수광되고 디스크리미네이터에 의해서 파고 변별됨과 동시에 규격화된 펄스로 변환된 후에 시간-전압변환기 (TAC)로 스타트 신호로 보내진다.

한편, 제2고조파의 자외광 펄스는 시료에 조사된다. 시료로부터의 발광은 분광기에 의해서 분광되어 광전자 증배관으로 검출된다. 이 출력은 광대역 프리앰프에 의해서 증폭된 후에 콘스턴트 프레크션 디스크리미네이터에 의해서 파고 변별되어 TAC의 스톱 신호로 사용된다.

TAC는 스타트 및 스톱 신호의 입력 시간차에 비례하는 파고를 가진 펄스를 발생하고, 멀티채널 펄스 파고분석기 (MCPHA)에서 파고 분석되어 최종적으로 형광 감쇄곡선을 얻는다.

이 방법에서 시간 분해능은 주로 광전자 증배관 내부의 광전자 주행시간 분포의 확산에 의해서 결정된다. 이 전자 주행시간 분포는 광전자 증배관의 형식에 따라 대부분 결정된다. 또 사용 조건에도 의존하므로 광전자 증배관의 선택과 사용조건 설정에는 주의를 기울여야 한다. 1982년 이전에는 여러 단의 다이노드를 가진 보통 광전자 증배관이 대부분 사용되었으므로 전자 증배과정에서 전자주행시간이 넓은 분포를 가진 관계로 레이저 펄스파형이 $300\sim600$ ps의 펄스로 관측되었다. 그러나 근년 전자증배가 작은 (0.5mm) 마이크로 채널 속에서 진행되는 마이크로 채널 프레이트 (MCP)가 실용화된 결과 시간 분해능을 현저하게 향상시킬 수 있게 되었다[5,6].

그림 6-2는 피코초 레이저의 산란광에 대하여 관측된 펄스파형의 모습이다. 약 2 ps의 펄스폭을 가진 색소레이저에 대하여 최종적으로 관측되는 펄스파형에서는 30 ps (FWHM)가 된다. 과거에 사용된 보통 광전자 증배관과 비교하여 시간 분해능은 20배 향상된 것을 알 수 있다.

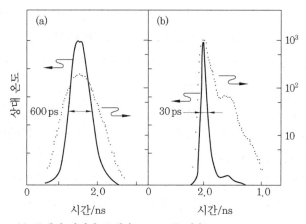

(a) 종래의 광전자 증배관, R106H를 사용

(b) 신형 마이크로 채널 프레이트 광전자 증배관, R2809U 사용

그림 6-2 **레이저 산란광(펄스폭 2ps)의 관측 펄스파형**

한편, 스트리크 카메라계의 구성을 그림 6-3에 보기로 들었다. 시로 셀을 놓는 홀더에는 레이저빔에 대하여 수직으로 1.5×10 mm의 세로길이 슬리트를 설치하고, 형광은 여기서 이끌어낸다. 형광은 한 쌍의 볼록 렌즈 (초점거리 70mm, 지름 25mm)에 의해서 분광기의 슬리트면 위에 결상하고, 편광 해소판을 통하여 플레트 필드형 분광기 (Jobin Yvon CP200, F 2.9)에 입사한다.

분광기의 출사구 (出射口)는 어댑터를 거쳐 스트리크 카메라의 입력 광학계와 결합되어 있다. 스트리크 카메라에서는 시간축과 파장축의 2차원 동시 측정이 가능하여 시간분해 형광스펙트럼이 매우 단시간에 측정된다[12]. 생체계와 같은 불안정한 시료 측정에 위력을 발휘한다.

한편, 광전자 증배관에 의한 광자계수법은 측정 정밀도가 높은 것이 특징이므로 형광 감쇄곡선의 상세한 해석에는 필요 불가결한 존재이다. 결국 현실적으로는 MCP 광전자 증배관과 TAC에 의한 방법, 그리고 광자계수형 스트리크 카메라법을 병용하는 것이 바람직하다.

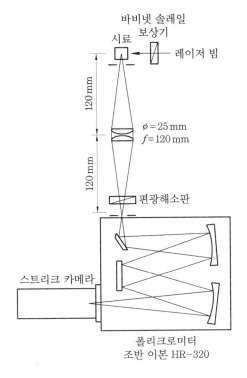

그림 6-3 **광자계수형 스트리크 카메라의 광항계 구성**

6·3 가용성 고분자 응집체에서의 구조 전이

(1) 히드록시 프로필 셀룰로오스(HPC)에서의 구조 상전이

히드록시 프로필 셀룰로오스(hydroxy propyl cellulose : HPC)(그림 6-4)는 수용액 속에서는 히드록실기를 바깥쪽에, 소수기를 안쪽으로 하여 실뭉치 상의 응집체를 형성함으로써 물에 대하여 용해한다.

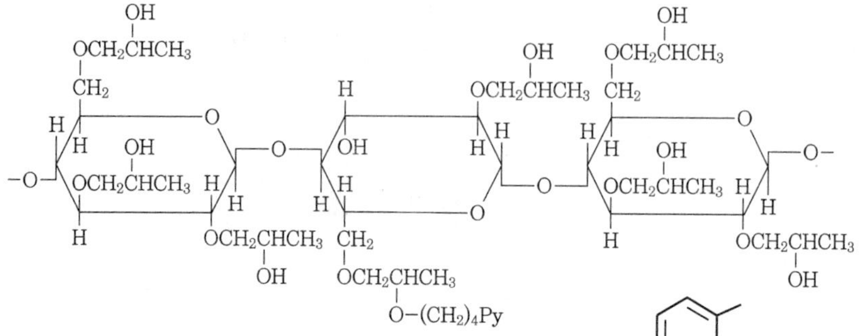

HPC-Py/26 : 1Py/26 글루코스 단위
HPC-Py/56 : 1Py/56 글루코스 단위
HPC-Py/438 : 1Py/436 글루코스 단위

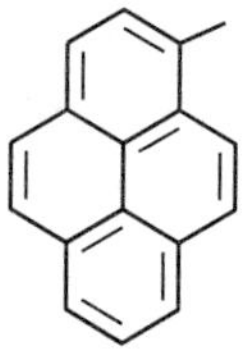

그림 6-4 히드록시 프로필 셀룰로오스(HPC) 및 플렌에 의해서 라벨된 HPC의 분자구조

이 응집체는 온도가 상승함에 따라 구조 상전이를 일으키는 사실이 알려져 있는데[13,14], 필자들은 이 응집체의 상전이점 전후에서 분자 스케일로 구조 변화를 조사하기 위해 필렌고리로 라벨된 HPc-Py를 사용하여 필렌의 엑시머(들뜬 이량체) 생성에 수반하는 형광을 프로브로하여 그 모습을 조사하였다[15,16]. 즉, 필렌 고리는 HPC 응집체 안쪽에 가두어지고, 일부는 기저 상태에서 회합체를 만드는 외에, 쉽게 엑시머를 만들어, 이들의 회합 분자종의 형광에 관하여 시간분해 계측을 하였다.

그림 6-5는 HPC-Py/56(필렌 고리의 평균 함유량으로서 글루코스 단위가 56개에 대하여 필렌고리 1개를 포함) 및 /26에 관한 각종 온도에서의 형광 스펙트럼 모습이다. 보통 용액 속의 필렌과 마찬가지로, 진동 구조를 가지는 모노머 형광대(M)와 브로드한 엑시머 형광대(E)를 나타내지만 모노머에 대한 엑시머의 상대 강도(I_E/I_M)는 온도의 상승과 더불어 처음에는 증가하지만 어떤 온도 이상이 되면 반대로 감소한다. I_E/I_M을 온도에 대하여 플롯하면 그림 6-6처럼 된다.

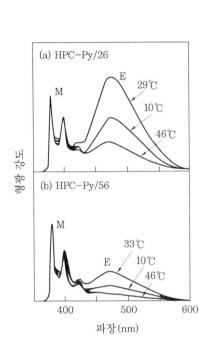

그림 6-5 **각종 온도에서의 HPC-Py의 정상 형광 스펙트럼**

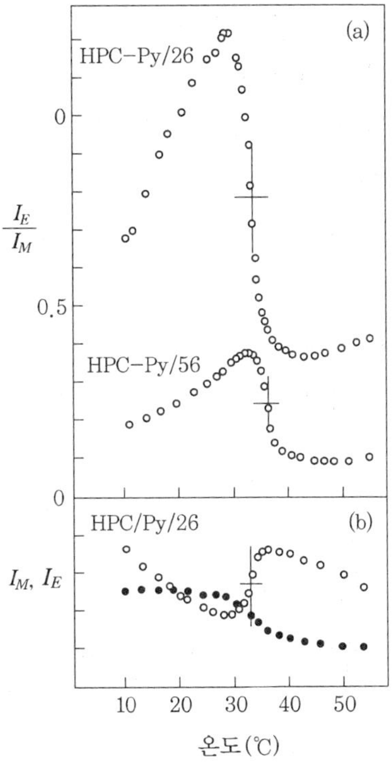

그림 6-6 **HPC-Py에서의 엑시머 형광에 대한 모노머 형광의 강도비 (I_E/I_M)의 온도에 대한 플롯**

엑시머 형광 강도는 32℃ (HPC-Py/26) 혹은 36℃ (HPC-Py/56)에서 불연속적으로 소실하여 상전이가 일어나고 있는 것을 알 수 있다. 그림 6-7은 피코초 레이저 들뜸에 의한 시간분해 형광 스펙트럼 모습이다. 상전이점 이하 ($T < T_p$)에서는 관측 시간영역에 의존하여 4개의 형광대가 나타나고, ① 기저 상태 다이머 형광(D), 0-100ps, ② 엑시머 형광대 (E_1), 0~7ns, 420nm에 극대를 가지며, 이제까지 알려지지 않았던 엑시머, ③ 모노머 형광대 (M), 100ps 이후, D와 비교하여 2nm 단파장 시프트하고 있다. ④ 샌드위치형 엑시머 형광대 (E_2), 100ps 이후, 이와 같은 스펙트럼 거동은 다음과 같이 해석된다.

HPC 응집체 속의 필렌은 두 종류의 사이트를 형성하고 있으며 모 노머 사이트와 몇 개의 필렌이 집합한 사이트이다. 집합체 사이트에 서는 필렌 고리가 서로 접근하여 기저 상태에서 준안정 2량체(D)를 형성하고, 이로부터 샌드위치형 엑시머(E_2)가 만들어진다. 그림 6-6 및 그림 6-7로서도 알 수 있듯이, 저온에서는 엑시머 E_1 및 E_2의 기 여가 크지만 상전이점 이상에서는 매우 작다. 형광수명이 온도에 따라 크게 변하지 않으며, E_1 엑시머는 높은 질서 구조체에서 볼 수 있는 것인 점 등을 고려하여 HPC의 구조는 다음과 같이 생각할 수 있다.

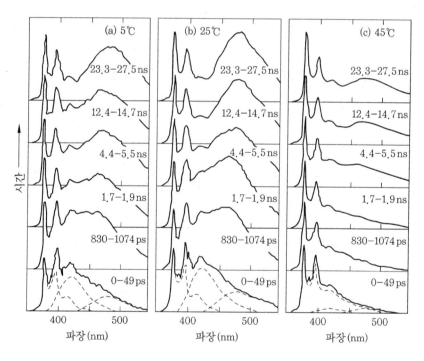

그림 6-7 HPC-Py의 시간분해 형광 스펙트럼

$T < T_p$에서는 E_1, E_2를 부여하는 집합체 사이트의 밀도가 증가하 고 있는 것, 즉 HPC는 응집하여 높은 질서의 도메인, 일종의 리오트

로픽 액정을 형성하고 있음을 나타내고, 한편 $T_p < T$에서는 엑시머의 기여가 매우 작으므로 확산된 랜덤 코일구조를 취하고 있다. 즉, $T \simeq T_p$(32℃)에서 구조 상전이를 일으켜 저온에서 형성된 높은 질서구조체가 파괴된다. 그림 6-8은 이 모습을 모식적으로 나타낸 것이다.

그런데 엑시머 E_2는 기지의 두 중심 샌드위치형 엑시머이지만 E_1에 대하여서는 페릴렌 및 필렌 단결정에서 볼 수 있는 콤포메이션이 다른 준안정 엑시머로부터의 발광[17]이라는 결론이 내려졌다.

이 콤포메이션은 이전부터 알려졌던 샌드위치형 구조와는 달리 약한 상호작용에 의한 것이다[18]. 이와 같은 시간분해 형광특성은 이 밖에도 랭뮤어 블로제트막 (Langmuir-Blodgett film),[19~21] 배향증착막[22,23]에서도 공통으로 엿보이고, 분자 집합체 미크로 도메인에서는 유기분자가 쉽게 자기 조직화하여 고도의 질서구조를 형성하는 것을 알 수 있다.

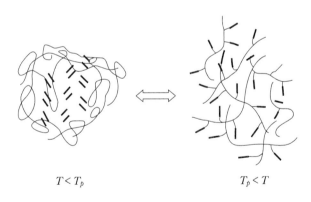

$$T < T_p \qquad\qquad T_p < T$$

그림 6-8 HPC-Py 응집체의 상전이(32℃) 전후의 구조 모식도

(2) 이소프로필 아크릴 아미드(PNIPAM)에서의 상분리

폴리 N-이소프로필 아크릴 아미드 (그림 6-9, 이하 PNIPAM이라 표기한다)는 친수성의 아미드 결합을 가지므로 물에 녹지만 앞 절에

서 설명한 HPC와 마찬가지로 응집체로서 용해되어 있다[24, 25]. 온도 가 상승함에 따라 점차 응집이 진행하여 하한 임계 공용온도(LCST) 이상에서는 상 분리가 일어나, 용액은 탁한 백색으로 된다.

이 구조 전이는 고분자 사슬의 랜덤코일 글로블 전이 (globule transfer)로 알려져 있지만,[26, 27] 세그멘트 오더 (10 Å -100 Å)에서의 미 시적인 구조변화에 대하여서는 알지 못하고 있다. 필자 등은 분자 내에 필렌 및 나프탈렌을 2중으로 라벨한 PNIPAM을 사용하여 나프탈렌에 서 필렌으로 Förster형 들뜬 에너지 이동 실험을 통하여 세그멘트 오 더에서의 응집체 구조에 대하여 조사한 바 있다. 사용한 시료는 나프 탈렌 (PNIPAM-N) 및 필렌, 나프탈렌을 2중으로 라벨화한(PNIPAM- Py-N) PNIPAM (분자량 1.2×10^6)이다 (그림 6-9).

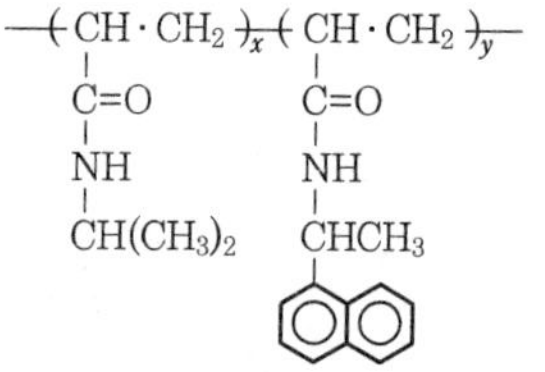

$$-(CH \cdot CH_2)_x (CH \cdot CH_2)_y-$$

PNIPAM-N
$x/y = 27$

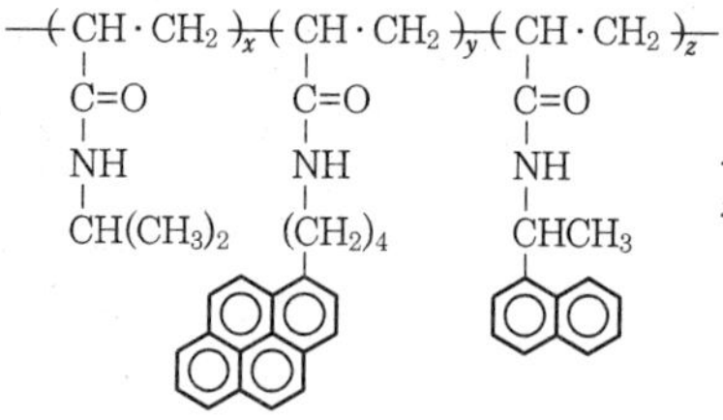

$$-(CH \cdot CH_2)_x (CH \cdot CH_2)_y (CH \cdot CH_2)_z-$$

PNIPAM-Py-N
$x/y = 366$
$x/y = 50$

그림 6-9 **폴리(N-이소프로필 아크릴 아미드)(PNIPAM)의 분자식**

그림 6-10은 피코초 레이저 (펄스폭 2ps)에 의해 나프탈렌을 들뜨 게 하여 측정한 PNIPAM-Py-N 수용액 (7℃)의 시간분해 형광 스펙 트럼 모습이다. 나프탈렌 및 필렌 형광대가 보이지만 시간이 경과함 에 따라 나프탈렌 형광이 감쇄하고 필렌 형광이 생성되는 모습을 엿

볼 수 있다. 이 변화는 온도를 높여 나가면 보다 신속하게 일어난다. 여기서 충분한 용해도를 갖는 메탄올 같은 양호한 용액 속에서는 이와 같은 현상이 발견되지 않는 사실에 유의할 필요가 있다. 즉, 수용액에서의 이와 같은 현상은 PNIPAM의 응집으로 나프탈렌 및 필렌이 상호 거리를 접근시켜 존재하여 들뜬 에너지 이동이 일어나지만 온도 상승과 더불어 응집이 진행됨으로써 에너지 이동효율이 높아지고 있음을 나타내고 있다. 이 사실을 보다 명확하게 하기 위해 정상 들뜬 형광 스펙트럼에서 조사한 에너지 이동효율을 온도에 대하여 기록한 그림을 그림 6-11에 보기로 들었다.

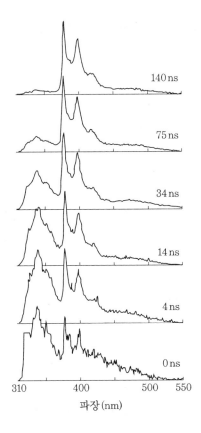

그림 6-10   **PNIPAM-Py-N의 시간분해 형광 스펙트럼**

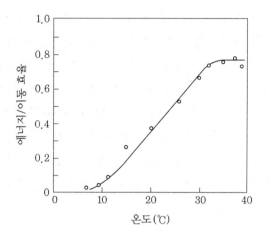

그림 6-11 PNIPAM-Py-N에서의 나프탈렌에서 필렌으로 들뜬 에너지 이동 효율의 온도에 대한 기록

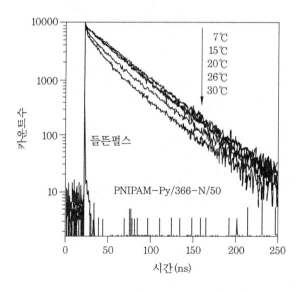

그림 6-12 PNIPAM-Py-N에서의 나프탈렌(도너) 형광 감쇄곡선

그림 6-12는 PNIPAM-Py-N 수용액의 각종 온도에서의 나프탈렌 (도너) 형광 감쇄곡선도이다. 온도가 상승함에 따라 감쇄가 빨라지는

모습을 알 수 있다. 이와 같은 감쇄곡선을 다음 식을 써서 해석하였
다[28~30].

$$\rho(t) = \exp[-t/\tau_D - \gamma_A (t/\tau_D)^\beta]$$

$$\beta = \bar{d}/6, \quad \gamma_A = x_A (d/\bar{d}) V_d R_0^{\bar{d}} \Gamma(1-\beta)$$

표 6-3 PNIPAM–Py/366–N/50 수용액의 형광 감쇄곡선 해석

온도(℃)	τ_D (ns)	$\bar{d}$	τ_A	A_1	A_2	x^2
7	34.91	1.000	3.299	0.476	0.524	1.009
15	33.83	1.000	3.617	0.619	0.381	1.068
20	33.49	1.000	3.707	0.695	0.305	1.199
26	34.60	1.383	2.359	0.772	0.228	1.075
30	34.87	1.518	2.379	0.886	0.114	1.841
35	33.92	1.544	2.417	0.869	0.104	1.255

여기서 d 및 $\bar{d}$는 각각 유클리드(euclidean) 차원과 프랙탈(fractal)
차원이고 $(\bar{d} \le d)$, x_A는 프랙탈 사이트를 엑셉터 분자가 차지하고 있
는 비율, V_d는 d차원에서의 단위 공간용적, R_0는 Förster 임계 에너
지 이동거리이다. 이 식은 고분자 사슬 중의 나프탈렌 및 필렌의 분
산에서 에너지 이동에 관여하는 사이트와 관여하지 않는 사이트의 두
종류 사이트의 존재를 고려하고 있다. 해석 결과는 표 6-3과 같다.
먼저 온도가 낮은 경우에는 에너지 이동에 관여하지 않는 고립 나프
탈렌의 존재를 나타내는 제2항의 기여가 크지만 온도가 높아짐과 더
불어 에너지 이동에 관계되는 제1항의 기여가 커진다. 이것은 앞에서
설명한 바와 일치하여, 온도상승과 더불어 응집이 진행하는 것을 나
타내고 있다. 여기서는 또 엑셉터 분자의 분산 차원수가 온도와 더불
어 변화하고 있으며, 온도가 낮을 때에는 엑셉터의 분산은 1차원적이
고, 온도가 상승하여 응집함에 따라 그 분산은 2차원적인 불권일 분

산이 되는 것을 나타내고 있다. 이와 같은 실험결과로, 예상되는 PNIPAM의 형태, 랜덤 코일에서 글로블로의 변화를 모식적으로 그리면 그림 6-13처럼 된다.

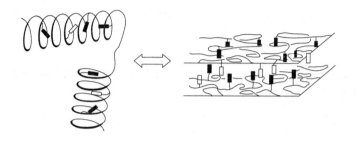

그림 6-13 PNIPAM-Py-N의 코일 글로블 전이의 구조 모식도

6·4 장래 전망

시간분해 형광분광법은 물질을 구성하는 분자의 다양한 반응과정을 리얼타임으로 추적하는 것을 가능하게 하고, 이를 통하여 우리는 물질을 미크로 구조에서 마크로 구조에 이르는 상세한 지식을 얻을 수 있다.

일반적으로 분자과정은 빠르고, 특히 고분자, 액정, 랭뮤어·블로제트막 등의 분자 조직체에서는 현저하게 빠른 과정이 포함된다[31]. 어디까지 상세하게 추적할 수 있느냐는 장치의 시간분해능에 의존하며, 들뜬 광원의 펄스 시간폭과 관측계의 시간 분해능에 따라 결정된다. 들뜬 펄스광원에 대하여 보면, 1970년대에는 중수소 혹은 질소기체를 봉입한 방전관이 사용되었으므로 펄스광의 시간폭은 10 나노초 정도였고, 용액 속의 확산율속반응 과정이 논의되는 데 불과했다.

1980년대에 들어오자 싱크로나즈 들뜬 동기 색소 레이저가 보급되기 시작하여, 피코초 펄스가 실용적으로 되고, 또 현재에 이르러서는 펨토초 레이저 시대로 진입하였다. 이렇게 됨으로써 분자 조직체 속에서 접근하여 존재하는 분자간에 일어나는 빠른 반응과정을 추적할 수 있게 되었다. 또 앞으로는 반도체 레이저가 발전하여 그 보급이 기대되므로 장치 설계의 아이디어도 크게 변할 것으로 전망된다.

한편, 관측계에 대하여 보면 MCP 광전자 증배관의 개발로 나노초에서 피코초로 시간 분해능이 비약적으로 향상되었으며 앞으로는 펨토초 계측을 위한 광자계수형 스트리크 카메라의 개발도 예상되어[6] 이 방면의 큰 발전이 요망된다.

외야석 레이저에 의한 우라늄 농축

원자력 발전은 무거운 원자인 우라늄에 중성자가 충돌하여 핵분열을 일으킬 때 발생하는 열을 발전에 이용하는 것이다. 일반적으로 경수로 발전에 연료로 사용되고 있는 우라늄은 우라늄 235라는 원자이다. 그러나 천연 우라늄에는 우라늄 235가 0.7% 밖에 함유되어 있지 않고, 99.2%는 우라늄 238이라는 원자이다. 우라늄 235는 느린 중성자가 충돌하면 핵분열을 일으키지만 우라늄 238은 핵분열을 일으키지 않는다. 그래서 연료로 사용하기 위해서는 우라늄 235의 농도를 3%로 높인 농축 우라늄이 사용된다. 우라늄 235와 우라늄 238을 분리해서 우라늄 235의 농도를 높이는 농축법으로는 원심분리법과 확산법이 있으며 비교적 근자에 이르러서는 레이저에 의한 농축법이 관심을 끌고 있다.

· 우라늄 235의 원자는

$$질량수\ 235 = 양성자수\ 92 + 중성자수\ 143$$

이렇게 그 원자핵은 92개의 양성자와 143개의 중성자로 구성되어 있으며 그 주위를 92개의 전자가 돌고 있다. 한편, 우라늄 238의 질량수는 238인데, 그 양성자수와 전자수는 우라늄 235와 같은 92이고 중성자수는 146이다.

· 질량수 238 = 양성자수 92 + 중성자수 146

따라서 우라늄 235의 원자 무게는 수소원자핵의 235배, 우라늄 238의 원자 무게는 수소원자핵의 238배이다. 이처럼 우라늄 235와 우라늄 238은 양성자수와 전자수가 같지만 질량은 다르다. 이와 같은 원자를 동위원소(혹은 동위체)라고 한다.

원심분리법은 우라늄 235와 우라늄 238의 질량의 차를 이용하여 원심력으로 동위체 분리를 하는 것이고, 가스 확산법은 질량차에 따른 확산속도 차를 이용하여 동위체 분리를 하는 것이다.

위의 원심분리법이나 가스확산법에 비하여 레이저에 의한 동위체 분리는 우라늄 원자 혹은 우라늄 분자의 전자 에너지 준위차를 이용하여 분광학적으로 분리를 하는 것이다.

우라늄 235와 우라늄 238은 질량이 다르므로 그 에너지 준위도 약간 차이가 난다. 이 에너지 준위의 차(동위체 시프트)를 이용하여 우라늄 235만을 레이저로 들뜸, 전리 (이온화)하여 동위체 분리를 할 수 있다.

우라늄 원자의 레이저 동위체 분리는

① 첫째 우라늄 금속을 전자빔 조사 등으로 고온 가열하여 우라늄 증기 (원자)를 발생시킨다.

② 파장 튜닝한 색소 레이저 (파장 λ_1) 조사로 우라늄 235 (^{235}U)만을 들뜸한다.

$$^{235}U + h\nu_1(\lambda_1) \rightarrow {}^{235}U^*$$

③ 다시 제2의 레이저 (λ_2) 조사로 들뜬 상태의 우라늄 235를 이온화한다.

$$^{235}U^* + h\nu_2(\lambda_2) \rightarrow {}^{235}U^+$$

이온화하는 방법은 선택 들뜸 (λ_1) → 이온화 (λ_2)의 2단계법과 선택 들뜸 (λ_1) → 중간 들뜸 (λ_2) → 이온화 (λ_3)의 3단계법이 있다.

④ 이온화된 우라늄 235를 전기장에 의해서 분리하여 회수하고 이온화되지 않은 우라늄 238 등의 중성원자는 직진하므로 열화 우라늄 회수부에서 회수할 수 있다.

그림은 레이저를 이용한 동위체 분리에 의한 우라늄 농축 시스템의 구성도이다.

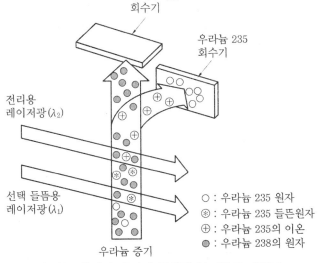

우라늄 원자의 레이저 동위체 분리법의 개념도

참고문헌

1) P. Molyneus : Water-Soluble Synthetic Polymers : Properties and Behavior, Vol. I and II, CRC Press, Boca Raton, FA(1983, 1984)

2) E. A. Bekturov and Z. Kh. Bakauova : "Synthetic Water-Soluble Polymers in Solution", Huthing and Wepf : Basel(1986)

3) Handbook of Water-Soluble Gums and Resins, Ed. by R. L. Davidson, McGraw Hill(New York, 1980)

4) 山崎 巖, 久米英浩, 玉井尚登, 土屋広司, 大庭弘一郎 : 応用物理, 54, 702 (1988)

5) 久米英浩, 木下勝之, 玉井尚登, 山崎 巖 : 分光研究, 38, 391 (1989)

6) 山崎 巖 : 応用物理, 60, 1041 (1991)

7) 山崎 巖 : 第4版 実験化学講座7, 分光 II (日本化学会, 吉原経太郎編), 丸善, 東京(1992)

8) 山中孝弥, 堀米利夫, 鈴井光一, 早川一生, 三谷洋興, 山崎 巖 : 分光研究, 37, 277 (1988)

9) 木下一彦 : 蛍光測定-生物科学への応用, 日本分光学会測定法シリーズ 3(木下一彦, 御橋廣眞編) 学会出版センター, (1983)

10) 大谷弘之, 小林孝嘉 : 蛋白質 核酸 酵素, 別冊 第28巻, "時間領域から 見た生命現象", ピコ秒・ナノ秒分光法(共立出版, 1985)

11) 進藤善雄, 馬場宏明 : 新実験化学講座, 基礎技術3, 光(1) (日本化学会, 伊藤光男), 丸善, 東京(1975)

12) 西村賢宣, 山崎トモ子, 山崎 巖, 渡辺元之, 小石 結 : 分光研究, 40, 155 (1991)

13) F. M. Winnik : *Macromolecules*, 20, 2745 (1987)

14) F. M. Winnik : *Macromolecules*, 22, 734 (1989)

15) I. Yamazaki, F. M. Winnnik, M. A. Winnik, S. Tazuke : *J. Phys. Chem.* 91, 4213 (1987)

16) F. M. Winnik, N. Namai, J. Yonezawa, Y. Nishimura, I. Yamazaki : *J. Phys. Chem.*, 96, 1967 (1992)

17) M. Furukawa, K. Mizuno, A. Matsui N. Tamai, I. Yamazaki : *Chem. Phys.*, 138, 423 (1989)

18) H. Sumi : *Chem. Phys.* 130, 433 (1989)

19) I. Yamazaki, N. Tamai, T. Yamazaki : *J. Phys. Chem.*, **91**, 3572 (1987)

20) S. Ohmori, S. Ito, M. Yamamoto : *Macromolecules*, **23**, 4047 (1990)

21) S. Ito, K. Kanno, S. Ohmori, Y. Onogi, M. Yamamoto : *Macromolecules*, **24**, 659 (1991)

22) M. Mitsuya, Y. Taniguchi, N. Tamai, I. Yamazaki, H. Masuhara : *Thin Solid Films*, **129**, L 45 (1985)

23) A. Itaya, T. Kawamura, H. Masuhara, Y. Taniguchi, M. Mituya, H. Uraki, K. Kano, S. Hashimoto : *Chem. Lett.*, 1541 (1986)

24) F. M. Winnik : *Polymer*, **31**, 2125(1990)

25) S. Fujisige : *Polymer J.*, **22**, 15 (1990)

26) F. M. Winnik, H. Ringsdorf, J. Venzmer : Langmuir, **7**. 905 (1991)

27) F. M. Winnik, M. A. Winnik, H. Ringsdorf, J. Venzmer : *J. Phys. Chem.*, **95**, 2583 (1991)

28) J. Klafter, A. Blumen : *J. Chem. Phys.*, **80**, 875 (1984)

29) N. Tamai, T. Yamazaki, I. Yamazaki : *Chem. Phys. Lett.*, **147**, 25 (1988)

30) 山崎 巖, 玉井尚登 : 応用物理, **57**, 1842 (1988)

31) I. Yamazaki, N. Tamai, T. Yamazaki : *J. Phys. Chem.*, **94**, 516 (1990)

제 7 장 피코초 및 펨토초 시간분해 분광법

7·1 머리말

지난 몇 해 사이, 초단 펄스광 레이저 기술의 발전으로 피코초 (ps, 10^{-12}초), 더 나아가서는 펨토초 (fs. 10^{-15}초) 영역에서 시간분해 분광을 할 수 있게 되었다. 그림 7–1은 몇 가지 현상과 시간의 개략적인 관계를 보인 것이다. 피코초에서 펨토초에 걸쳐 빛과 분자에 관련되는 기본적으로 중요한 과정이 많이 포함되어 있음을 알 수 있다.

이 장에서는 응축상 (고체·액체·계면 등) 연구에 국한하여 그 기법과 연구의 몇 가지 응용 예를 소개하기로 하겠다[1,2].

7·2 초단(超短) 펄스광의 발생

레이저 발진은 공진기를 구성하는 두 거울 사이에 놓여진 매질 속에 고밀도의 들뜬상태를 만들고, 이 발광을 공진기 안에서 왕복시켜 반복 증폭시킴으로써 획득한다. 공진기에 아무런 작용도 부가하지 않으면 이 발광은 랜덤한 위상을 가진 스파이크상 빛이 된다. 그 때문에 이렇게 중합하여 얻는 빛의 출력은 시간적으로 난잡한 것이 된다. 당연히 첨두출력을 얻을 수도 없다. 그러나 이와 같은 빛을 같은 위상으로 공진기 안을 왕복시켜 단순환 공파의 중합으로 할 수 있다면 (모드 동기) 펄스상의 주광을 얻을 수 있다. 이 경우 파레스폭은 레이저 발진에 관여하는 형광의 스펙트럼 폭의 역수로 규정된다. 예를 들면, Nd : 글라스 레이저에서는 스펙트럼 폭은 $7,500\,GHZ$ (GHz : 기가헤르츠, $10^9 Hz$)이므로 모드 동기가 이루어진 때의 펄스폭은 가장 짧을지라도 $1/B{\sim}10^{-13}$s가 된다. 펄스의 간격은 공진기 (공진기 길이 : L)를 왕복시키는 시간의 역수 $(2L/c,$ 공진기 길이 : $L=1.5$m로 10^{-8}s 의 간격)로 된다.

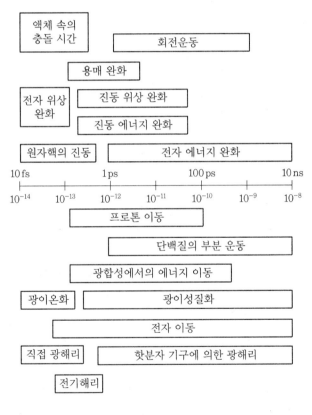

그림 7-1 **분자에서의 초고속 기본 과정**

표 7-1 **모드 동기 레이저의 비교**

모드 동기의 구별	레이저의 종류	모드 동기소자	발진 파장 (nm)	펄스 폭 (ps)	펄스당 에너지(nJ)	대표적 특징
강제	아르곤 이온	초음파 변조기	514.5	200	10	안정성, 재현성이 뛰어나고 조작이 용이
	Nd : YAG		1,064	100	10 (2배 고조파)	
수동	Nd : YAG	가포화 색소	1,064	30	10^5 (펄스 들뜸)	고출력이지만 반복율이 낮음
	Nd : 글라스			5		
동기 들뜸	색소	모드 동기 레이저에 의한 동기 들뜸	570 ~1,300	5~10	1	조작이 간단
복합형	색소	동기 들뜸 +가포화색소	570 ~1,300	0.1 이하	1	짧은 펄스 발진
CPM	색소	링형 공진기 +가포화색소	610 ~630	0.1 이하	0.5	짧은 펄스 발진
카렌즈	Ti : 사파이어	Ti : 사파이어	790 ~920	0.1	5	조작이 간편하고 짧은 펄스 발진

구체적으로 모드를 동기시키려면 공진기 안의 빛의 왕복 주기에 일치시켜 공진기 내의 손실을 변조시키면 된다. 즉, 어떤 일정한 위상을 가진 빛이 왕복할 때만 변조소자를 통과하고 그 밖의 빛은 저지하는 일종의 셔터를 마련한다. 이에는 강제 모드동기 (외부에서 전기적으로 변조시킬 수 있는 초음파 변조기 등을 사용한다)와 수동 모드동기의 2종류가 있다. 후자는 공진기 내에 가포화 흡수체라고 하는 매질 (보통은 색소의 용액, 가포화 색소라고 한다.)을 삽입함으로써 이루어진다. 이것은 약한 빛은 흡수하고 강한 빛은 투과시키는 비선형 광흡

수를 한다.

빛이 다수 회 통과하면 약간의 차가 확대되어 강약의 비율이 매우 커진다. 현재 많이 사용되고 있는 모드동기 레이저의 특징을 표 7-1 에 보기로 들었다. 뒤에 설명하는 바와 같이 다양한 특색을 가진 레이저가 다양한 용도에 사용되고 있다.

충돌 펄스 모드동기 (CPM) 레이저 (그림 7-2의 (a))[2]에서는 반대 방향으로 진행하는 두 광펄스가 가포화 색소 안에서 중첩됨으로써 발생하는 과도적 회절격자의 작용으로 모드 동기작용이 일어난다. 이때 가포화 색소 용액을 슬리트상의 노즐에서 균일하게 제트하여 흘림으로써 그 두께를 펄스의 공간 길이 정도 (100 fs이면 30 μm 정도)로 한다. 이 방법으로 50 fs 이하의 펄스를 안정적으로 얻을 수 있다.

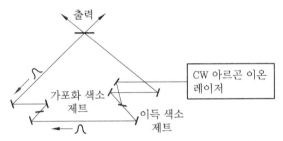

(a) 충돌 모드동기 레이저. 아르곤 이온 레이저(연속 발진)에 의해서 들뜸되는 일종의 링레이저로, 가포화 색소제트의 곳(두께 수 10 μm)에서 좌우에서 온 펄스가 충돌하여 비선형 변조를 받음으로써 펄스가 짧아진다.

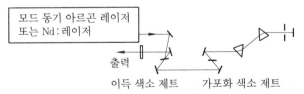

(b) 복합형 모드 동기 레이저. 모드 동기 아르곤 또는 Nd : YAG 레이저의 피코초 펄스로 들뜨는 색소 레이저로 분산 보상용 프리즘이 구성 요소로 포함되어 있다. 최고 35 fs까지 획득되고 있다.

그림 7-2 **펨토초 색소 레이저의 구성**

가포화 색소 용액 안에서는 높은 광강도로 인한 비선형 효과 때문에 광파가 위상변조를 받아 (자기위상 변조, SPM), 그 스펙트럼 폭이 넓어진다. 그 때문에 빛이 공진기 안의 분산 매질을 통과할 때 펄스 안에서 진동수의 시간변화가 일어난다. 짧은 펄스를 얻기 위해서는 반대의 분산 매질 (프리즘)을 공진기 안에 추가하여 분산을 상쇄시키도록 한다. 분산 보상소자를 채용한 복합형 (hybrid) 모드동기 레이저 (그림 7-2의 (b))[4]로 펄스폭 50 fs가 획득된다. Ti : 사파이어 레이저에서는 레이저 로드 그 자체의 비선형성 (광 카효과에 의한 빔의 자기 집속(렌즈)작용)에 의해서 매우 안정된 모드 동기가 일어난다.

또 짧은 펄스를 얻기 위해서는 펄스 압축을 한다. 피코초~펨토초의 강한 펄스광을 단일 모드 글라스 파이버 (굵기~10 μm)에 집광하여 도입하면 단위 면적당의 광강도가 커지므로 큰 자기위상 변조와 선형 분산에 의한 양의 차핑 (펄스 안에서 시간과 더불어 주파수가 증가하는 것)을 얻을 수 있다. 이 출력을 회절격자쌍 또는 프리즘 쌍의 음의 분산효과를 이용하여 압축한다 (그림 7-3). 이렇게 하여 가시부에서 6fs라는 초단 펄스를 획득하고 있다.[5]

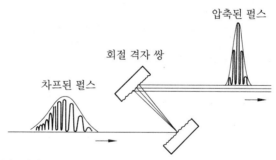

피코초 펄스광을 단일 모드 글라스 파이버에 집광하면 자기 위상변조와 선형 분산에 의한 양의 차핑(펄스 안에서 시간과 더불어 주파수가 증가하는 것)을 얻을 수 있다. 이 빛을 회절격자 쌍의 음의 분산효과를 이용하여 압축한다.

그림 7-3 펨토초 색소 레이저의 구성

7·3 초단 펄스광의 고출력화

표 7-1에서 보듯, 동기 들뜬 색소 레이저나 CPM 색소 레이저에서 획득할 수 있은 펄스당의 에너지는 고작 10^{-9}J이고, 파장영역도 580~900 nm에 국한된다. 이 출력은 광자계측법에 의한 형광분광에는 충분하지만 과도흡수 분광에는 불충분하다. 따라서 고출력을 얻기 위해서는 광증폭 장치가 필요하다. 높은 반복과 중간 정도의 출력이 필요하다면 개체 레이저 (YAG 또는 YLF 레이저)에 의한 재생 증폭기를 사용한다.

중간 정도의 반복으로, 고출력이 필요하다면 동 (銅) 증기 레이저 (증폭 이득~10^4, 10 kHz)가 필요하고, 낮은 반복, 고출력이 필요한 경우에는 Q스위치 Nd : YAG 레이저나 엑시머 레이저 (증폭이득 10^5~10^6, 10~30 Hz)가 사용된다. 모드동기 색소 레이저와 색소 증폭계의 조합에 의해서, 예컨대 580~620 nm에서 펄스폭 서브피코초, 반복 10 Hz, 출력 수백 μJ 정도 (첨두출력 10^9 W 이상)의 강력한 펄스광을 얻을 수 있다. Ti : 사파이어 레이저는 차프드 앰프라는 방법으로 증폭한다.

7·4 초단 펄스광의 파장변환

초단 펄스레이저로 직접 발진시킬수 없는 파장영역의 빛은 비선형 물질을 사용하여 2차적으로 변환한다. 가장 일반적으로 사용되고 있는 것은 비선형 결정에 의해 제2고조파 발생 (SHG)이다. 강한 빛의 전기장에 의해서 비선형 결정 안에 고차의 유전분극성분 : $p(t) = x_1 E(t) + x_2 E(t) E(t) + \cdots$(반전 대칭성이 없는 물질에서는 짝수차의 비선형 분극)이 유기된다. $\{ E(t) \}^2 = (\cos \nu t)^2 = (1 + \cos 2\nu t)/2$의 분극에 기초하여 2배의 주파수 성분으로 획득된다. SHG의 효율은 매우 높고, 경우에 따라서는 50 %에 이른다.

서로 다른 진동수 ν_1, ν_2의 두 펄스로 $\nu_1 + \nu_2$(합주파수)를 발생시킬 수 있다. 예를 들면, Nd : YAG 레이저의 1.064 nm에서 상기 기법의 조합으로 파장 532 (2배파), 355 (3배파), 266 (4배파), 213 (5배파) nm 의 고출력 펄스를 얻고 있다. 또 알칼리 금속이나 수은, 마그네슘 등 의 금속 증기를 사용하여 3차, 5차, 7차 등, 홀수차의 고조파를 발생 시켜 코히어런트한 진공 자외광을 만들기도 한다.

또 많이 이용되는 파장변환에 유도 라만산란이 있다. 라만 매질로 는 고압의 수소, 질소가스나 각종 유기 용매가 사용된다. 수소는 라 만시프트가 크고 ($v = 4.155$ cm^{-1}) 효율이 높으므로 (제1스토크스 시프 트에 대하여 20~50 %) 많이 사용된다. 강한 입력에 대해서는 고차의 라만 : 장파장 쪽에 $\nu - 2v$, $\nu - 3v$, $\cdots$ 단파장 쪽에 $\nu + v$, $\nu + 2v \cdots$ (반스토크스 광)이 발생한다.

위에 설명한 과정에서는 모두 입사 파장에 따라 출력 파장이 결정된다. 비선형 결정을 사용한 광파라메트릭 발생으로 가변 파장광이 획득된다. 이것은 합주파수 발생의 역과정으로, 입사 진동수 ν에서 $\nu = \nu_s + \nu_i$ 를 충족시키는 상이한 진동수의 일련의 광파가 발생한다. 입사광에 대하여 결정축의 방향만을 바꾸어도 출력의 파장 (ν_s와 ν_i)을 연속적 으로 변화시킬 수 있다. 예를 들면 Nd : YAG 레이저의 3배 고조파 (355 nm)을 입사광으로 하여 460~600 nm 및 870~1,500 nm의 파라 메트릭광을 얻을 수 있다. 광 파라메트릭 발생, 합 (sum)주파 발생 등 을 조합하여 파장 4.4 μm~200 μm의 넓은 영역에서 고출력, 가변 파 장광도 획득하고 있다[6].

7·5 초고속 현상의 측정법

피코초 · 펨토초 영역의 현상을 측정하는 방법은 크게 두 가지로 나눈다. 첫째는 직접법으로, 측정기 그 자체가 시간분해를 갖는 것이다. 두번째는 간접법인데, 첫번째의 광펄스에 의해서 발생하는 물질의 응답을 두번째의 광펄스로 관측하는 방법으로, 첫 번째와 두 번째의 광펄스 광로차 (1 mm = 0.3ps)에 의해서 시간응답을 측정한다. 다양한 물질측정에는 이 두 가지 방법 중의 한 방법의 형태를 약간 바꾸어 이용하고 있다.

(1) 형광 측정

① 직접법

직접법의 대표적인 것으로는 스트리크 카메라 (카메라 튜브의 일종)에 의한 형광 측정법이 있다. 짧은 펄스가 스트리크 카메라 전면의 광전면에 부딪치면 거기서 광전자가 방출된다. 광전자의 진행 방향과 직교하는 방향으로 고속 전압을 인가하여 광전자의 궤적을 소인 (sweep)한다. 고속 소인된 광전자는 그 앞에 놓여진 형광면에 닿아 형광을 발생시키므로 이것을 기록한다. 이 방법으로 1ps 정도까지의 시간 분해능을 얻을 수 있다. 소인은 단발 소인, 반복 소인 모두 가능하다. 따라서 수 10~100 MHz의 반복을 갖는 레이저 펄스에 맞추어 고속 소인하면 매우 많은 회수의 형광 데이터를 축적할 수 있다. 시간 분해능은 수 피코초의 것이 일반적이다. 이 방법은 신뢰도가 높아 광범위하게 사용되고 있으며, 예를 들면 헤마토포르피린 (hematoporphyrin)의 발광특성을 이 방법으로 측정하고 있다[7].

직접법의 다른 대표적인 방법은 시간상관 광자계수법이다 (6장 참조). 이 방법은 다이나믹 렌지가 높고, 특히 정밀도와 감도가 필요한 실험에 적합하다. 그림 7-4는 안트라센 (anthracene) 단결정 위에 약

5%의 피복률로 흡착한 로다민 (rhodamine) B의 형광 수명을 측정한 예이다. 매우 미약한 형광이지만 상기한 방법으로 정밀하게 측정할 수 있다. 이 색소의 형광수명은 용액 속에서 수 나노초이다.

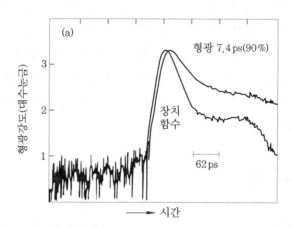

좁은 펄스는 피코초 펄스에 대한 장치의 응답 함수를 나타내고 완만한 곡선은 형광이다. 수명은 약 7.4ps이고, 안트라센에서 흡착 색소로 전자 이동의 속도를 나타내고 있다.

그림 7-4   **피코초 시간상관 광자계수법에 의한 안트라센 단결정상의 색소(피복률 4%)의 발광시간 변화**

그러나 안트라센 결정 위에서는 색소로 전자이동이 일어나기 때문에 형광을 소광한다. 따라서 결정상에서 관측된 짧은 수명, 7.4 ps는 전자 이동의 빠르기를 나타내는 것이다[8]. 실버 브로마이드 (silver bromide) 상의 시니아닌 색소는 사진의 색채 증감 작용에 중요한 기여를 한다. 시아닌의 회합체 (J회합체)의 형광수명도 매우 짧아 5~25 ps (회합체의 크기에 의존)에 대응하는 속도로 전자 이동이 일어나는 것으로 생각된다[9]. 광자 계수를 싱크로트론 궤도 방사광과 동조시킬 수 있다. 레이저로는 획득할 수 없는 단파장 광을 들뜬원으로 사용한 발광 연구에 위력을 발휘하고 있다[10]. 여기서 알 수 있듯이, 수가 적은 발광체의 초고속 다이나믹스가 이 방법으로 정밀하게 측정 가능하다[10].

② 간접법(비선형 분광법)

간접법의 시간 분해능은 제1의 펄스(pump pulse)와 제2의 펄스 (probe pulse)의 상관(중첩)에 의해서 결정된다(펌프 프로브법이라고도 한다). 따라서 원리적으로는 레이저광의 펄스폭에 의해서만 시간 분해 능이 결정되므로 피코초, 펨토초의 현상 측정에 많이 이용되고 있다.

대표적인 측정법으로 합주파 발생법에 의한 형광 주명 측정법이 있다[11]. 그림 7-5에 보인 바와 같이 레이저광과 레이저광에 의해서 유기된 형광을 비선형 결정에 도입하여 이 합주파수(차주파라도 한다)를 만들고, 이 강도를 두 빛의 광로차의 함수로 관측한다. 이렇게 하여 형광의 시간적 프로필을 관측할 수 있다.

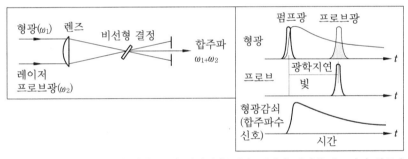

레이저광에 의해서 유기된 형광(ω_1)과 레이저광(ω_2)을 비선형 결정에 유도하여 합주파 ($\omega_1 + \omega_2$)를 얻는다. 이 강도를 프로브광의 광지연(0.3mm/ps)의 함수로 기록하면 형광의 다이나믹스를 측정할 수 있다. 전자회로를 사용한 측정계로는 따라잡을 수 없는 펨토초 영역의 형광 시간분해 측정에 사용된다.

그림 7-5 **합주파 발생법에 의한 형광 수명의 측정**

이 방법을 사용하여 초고속 분자간 전자 이동 반응을 발견하였다. N, N-디메틸 아니린(DMA)을 전자 공여체 겸 용매로 하고, 크산틴 (xanthene) 색소(나일블루(NB)나 옥사딘1(Ox1))을 전자 수용체로 하는 분자간 전자 이동계에서 약 100fs의 매우 빠른 전자 이동이 일어난다[12, 13]. 이 계에서는 분자의 확산효과에 의존하지 않고 직접 빠른 전자이동이 일어난다.

그림 7-6은 Ox1/DMA계 및 Ox1/AN (아닐린(aniline))계에서의 Ox1
의 형광 감쇄도이다[13]. AN이나 DMA의 유전 세로 완화시간 (τ_r)은 수
피코초라 생각할 수 있으므로 여기서 관측된 전자이동 속도는 이보다
상당히 빠르게 된다. 즉, 전자이동이 일어나는 초단 시간에 용매는
동결되어 있다고 생각되므로 용매의 운동은 전자이동을 유기하는 원
인은 될 수 없다.

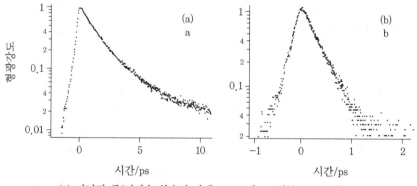

(a) 아닐린 중(비지수 함수적 감쇄, 320sf와 ps 성분으로 구성)
(b) N, N-디메틸 아닐린 중(지수 함수적 감쇄, 시정수(280fs)$^{-1}$

그림 7-6   **전자 공여성 용매 (a) : 아닐린, (b) N, N-디메틸 아닐린) 중의
옥사딘1의 형광 다이나믹스**

H. Sumi와 Marcus는 분자의 운동 이외에 빠른 전자이동을 부여하
는 원인으로, 분자진동이 중요한 역할을 한다고 예측하였다[14]. 여기
서 볼 수 있는 초고속 전자이동은 분자간 진동에 의해서 유기된 것이
아닌가 생각된다. 동시에 관측되는 느린 형광성분(약 1.3ps), 즉 느린
전자이동은 그에 이어서 일어나는 보통 용매분자의 움직임에 규제된
것인지 모른다. 즉, AN계에서 관측되는 비지수 함수적 거동은 반응
의 비평형성을 나타내는 것으로 생각된다. 또 DMA계에서 관측되는
지수함수적 거동은 용매의 움직임에 따른 제한을 초월한, 초고속 반

응을 나타내고 있다.

분자간 진동에 의해서 유기되는 전자이동은 분자운동이 규제된 계 (고분자나 생체계)의 고효율 전자이동 등에서 더욱 많이 발견될 전망 이다. 초고속 전자이동 등에서 더욱 많이 발견될 전망이다. 초고속 전자이동을 중심으로 한 화학반응과 용매의 상호 작용의 상세한 기구 가 밝혀질 것으로 생각된다.

단백질계에서는 최근 X선 결정구조가 명확하게 밝혀진 광합성 세 균에서, 광유기 전자이동이 초고속 분광학의 연구 대상이 되고 있다. 반응 중심으로 알려진 클로로필 분자의 이량체에서 전자가 뛰쳐나와 인접한 액세서리 클로로필, 또는 페오피틴 분자로 가는 속도는 약 3ps로 측정되었다.

(2) 과도흡수 측정

들뜬상태의 다이나믹스를 측정하는 가장 유력한 방법은 흡수 분광 이다. 직접법에 의한 과도 흡수 분광에 스트리크 카메라를 사용하는 방법이 있다. 이 경우 스펙트럼 광원으로는 넓은 파장범위에 걸쳐 발 광하고, 또한 관측시간에 비교하여 긴 시간 (예를 들면 10ns) 지속하는 광원이 필요하다. 레이저광으로 들뜨게 한 색소의 발광을 광원으로 쓸 수도 있다[15]. 또 레이저광으로 들뜬 고압 크세논 램프의 전극 시간 적으로 동기한 연속광을 부여한다[16].

일반 펌프-프로브형 과도흡수 분광측정은 다음과 같이 한다 (그림 7-7). 먼저 제1의 광펄스로 시료를 들뜨게 하여, 들뜬상태 또는 반응 중간체를 생성시킨다[17]. 제2의 광펄스를 물질 (증수나 글라스 등)에 집 광하면 빛이 강한 전기장에 의해서 자기 위상변조가 일어나 파장이 극도로 확산된 백색광 (피코초 또는 펨토초 연속 파장광)이 발생한다. 이것을 스펙트럼 광원으로 하여 제1의 펄스에 의해서 들뜬 시료를 통 과시켜서 그 흡수 스펙트럼 분광기 뒤에 위치한 1차원의 포토다이오드어레이로 검출한다. 이 기법으로 들뜬상태, 반응 중간체의 동적 과정 등의 연구가 폭넓게 진행되고 있다.

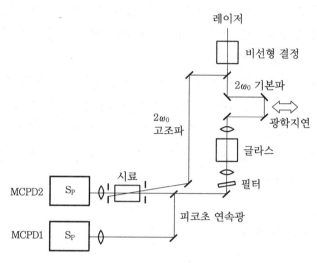

레이저의 피코초 펄스를 비선형 결정을 통하여 고조파를 만들어 시료를 조사한다. 남은 기본파를 BK7 글라스에 집광하면 파장이 극도로 확산된 백색광(피코초 연속광으로 펄스폭은 들뜬 광과는 거의 같다)을 발생한다. 이것을 들뜬 시료에 통하여 분광기(Sp)와 멀티 채널 포토 다이오드(MCPD)로 검출한다.

그림 7-7 **과도흡수 스펙트럼 측정장치**

박테리오 로돕신 (자막에서 발견된 단백질)에 함유된 레티날시프염기 (retinal schiff base)의 트랜스체에서 시스체로, 광이성질화 반응이 6fs의 펄스를 사용하여 조사되었다. 이 반응이 막의 프로톤 펌프의 원인이 된다. 반응의 진행에 따른 과도흡수 스펙트럼 외에 기저분자의 감소, 유도발광 및 들뜬상태의 흡수 변화가 1,000fs 이하의 시간에서 관측되었다[18].

불투명 물질에 관해서는 과도 반사측정[19]을 하여 흡수 스펙트럼과 동등한 정보를 획득할 수 있다.

(3) 표면 고조파 발생법 [20,21]

반전 대칭성을 가진 두 물질의 계면(또는 표면)에서는 반전 대칭성
이 소실된다. 따라서 계면에서 제2고조광(입사광 파장의 1/2 파장의
빛)을 발생시킬 수 있다. 이 신호는 계면만의 정보를 선택적으로 부
여한다. 계면의 특이성이 표면 고조파 발생법의 가장 큰 특징이다.
또 빛에 의한 펌프·프로브 실험이므로 높은 진공을 필요로 하지 않
는다. 또 고체·기체, 고체·액체, 기체·액체 등 모든 계면을 연구할
수 있다. 실험의 원리는 매우 간단하다(그림 7-8).

짧은 펄스광을 둘로 나누어, 강한 쪽의 펄스(펌프 펄스)가 표면에
도착한 시각을 $t = 0$으로 한다. 약한 쪽의 펄스(프로브 펄스)는 임의
로 제어할 수 있는 지연시각 t에 표면에 도달한다. 이 프로브 펄스에
의해서 발생한 표면 고조파광의 신호강도의 평방근을 t의 함수로 기
록한다. 이렇게 함으로써 표면 2차 비선형 감수율의 시간응답을 관측
할 수 있다.

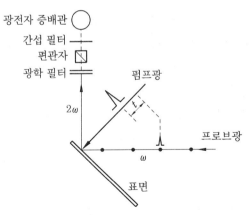

표면 또는 계면의 비대칭성을 이용하여 제2고조파(2ω)를 발생시킬 수 있다. 강력한 펄
스광을 사용하여 표면 상태를 들뜨게 한다. 시각 t만큼 지연시켜서 프로브광 펄스를 보
내고, 이것과 표면 들뜬상태와의 상호 작용에 의해서 발생하는 2ω광을 관측한다. 두 펄
스의 지연시간을 약간씩 변화시키면서 신호를 기록함으로써 시간적인 정보를 얻는다.

그림 7-8 **표면(계면) 제 2 고조파 발생법**

이 방법에 의해서 Si (Ⅲ) 표면의 융해시간 변화를 구할 수 있었다. 강력한 펨토초 펄스를 조사하면 표면이 융해하여 원자배열이 난잡하게 된다. 이 난잡화 과정은 150 fs의 시간 스케일로 일어난다[22]. 이것은 들뜬 에너지가 격자계에 전달되는 시간보다도 빠르므로 난잡화는 직접적인 전자 들뜬효과에 의해서 발생되는 것으로 결론지었다.

같은 방법을 표면 흡착분자의 광화학 반응, 들뜬상태 다이나믹스, 표면에서의 광이탈 (해리) 반응 등의 연구에 응용할 수 있다[23]. 표면 2차 비선형 감수율은 이러한 과정에 포함되는 상태 (기저상태, 들뜬상태, 반응 중간체 등)의 수에 비례한다. 따라서 이들 상태의 시간변화를 추적할 수 있다.

표면 합주파 (sum wave) 발생법에는 또 다른 장점이 있다. 한쪽 빛을 가변파장 적외광으로 하고, 다른 쪽은 가시광으로 하여 이것들을 동시에 표면으로 유도하여 합주파를 발생시킨다. 적외광을 물질의 진동 스펙트럼에 동조시킴으로써 표면 (계면)의 진동상태의 다이나믹스와 표면 상태를 분석할 수 있다. 은표면에 흡착된 스테아린산 카드뮴 분자 속의 메틸기 대칭 신축진동의 완화시간이 측정되었다[24]. 이 다이나믹스에서는 빠른 성분 (약 3 ps)과 느린 성분 (160 ps)이 관측되었다. Ag (Ⅲ) 표면에 흡착한 황화메틸의 대칭 신축진동에 대해서도 상세하게 연구되었다[25].

이와 같은 결과는 흡착분자의 진동에너지가 그것과 비조화적으로 결합한 변각 진동의 에너지로 이동하는 것을 확실하게 나타내고 있다. 종전의 연구는 진동에너지가 주로 직접 금속으로 이동한다고 생각했었다. 이 점에 대하여 합주파수법은 표면과 관련된 에너지 이동 기구 문제에 확실한 해결책을 제공한 것으로 생각된다.

(4) 라만 분광법 (코히어런트 반스토크스 라만 산란법)

분자의 진동상태를 조사하는 방법으로는 적외분광법과 라만분광법

(Raman spectro scopy)이 있다. 초고속 분광으로는 적외분광법보다 후자인 라만분광법이 먼저 발달하였다. 라만법으로 진동상태를 코히어런트(coherent)로 들뜨게 하면 ① 진동 상태의 에너지 완화(완화시간 : T_1), ② 위상 완화(T_2), ③ 분자의 회전 완화과정이 일어난다.

이와 같은 과정을 그림 7-9에 모식적으로 게시하였다.

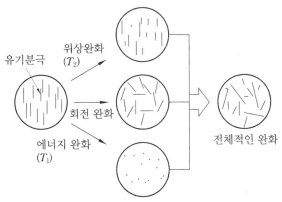

펌프광과 스토크스광을 동시에 시료에 조사함으로써 진동상태는 코히어런트로 들뜬다. 이때 발생한 유기분극은 에너지 완화(완화시정수(T_1), 위상완화(T_2), 회전 완화의 3완화를 거쳐 원래의 상태로 돌아온다. CARS 분광에서는 펌프, 스토크스, 프로브, CARS신호의 4개 빛의 행, 위상 정합조건 관계로, 주로 위상완화와 회전완화가 관측된다.

그림 7-9 **분자 진동상태의 코히어런트 들뜸과 각종 완화**

이들의 완화 속도는 용매−용질 상호작용의 크기와 진동에너지 상태에서의 상태밀도에 따라 결정되는 것으로 생각된다. 펨토초 시간분해 코히어런트 반스토크스 분광(CARS)은 용액 속의 펨토초 영역의 진동 완화 현상을 실시간으로 관측하는 방법이다[26]. 시간분해 CARS에서는 (그림 7-10) 펨토초 들뜬 빛을 펌프광과 프로브광의 둘로 나누어 시료에 조사한다. 이 사이에 가변 파장의 스토크스광을 목적하는 진동 들뜬상태의 에너지에 동조시키고, 이것을 코히어런트로 들뜨게 한다. 그리고 안티스토크스광의 신호강도를 펌프광과 프로브광 사이의 지연시간에 대하여 소인한다. 이때 빛의 편광을 선택하는 방법에 따라 상이한 현상을 관측할 수 있다. 즉, 그림 7-10에 보인 바와 같이 펌프광과 스토크스광의 편광을 평행하게 하고 프로브광과 CARS의 관측을 매적각 (54.7°)으로 하면 CARS 신호는 진동위상 완화현상만을 부여한다.

펌프광과 프로브광의 편광을 평행하게 하고, 스토크스광과 CARS의 관측을 이것에 수직으로 하면 CARS 신호는 진동 위상완화와 회전완화를 동시에 포함하게 된다.

후자의 방법으로 분자의 회전완화를 조사할 수 있다. 그림 7-11은 구체적인 실험장치이다.

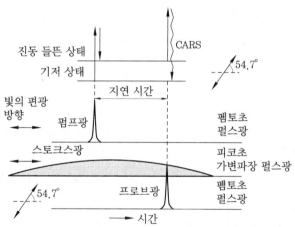

펌프광 (펨토초 광펄스)과 스토크스광 (피코초 가변파장 광펄스) 둘을 시료에 동시 도입하여 진동 들뜬상태를 코히어런트로 들뜨게 하면 그림 7-8에 도시한 각종 완화과정이 일어난다. 이것을 프로브광 (제2의 펨토초 광펄스)을 사용하여 반스토크스 라만광을 유기시킨다. 두 펨토초 펄스광의 상대적인 시간뒤짐 (광학지연)의 함수로 CARS의 다이나믹스를 조사한다.

그림 7-10 **펨토초 시간분해 코히어런트 반스토크스 라만산란(CARS)의 원리도**

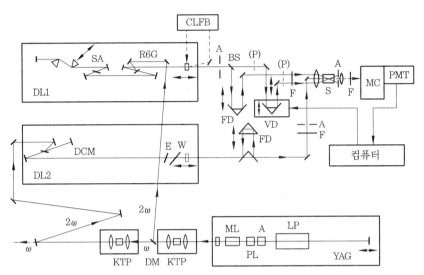

YAG : CW 모드동기 YAG 레이저, ML : 모드동기 소자, PL : 편광자, A : 아파처, LP :
레이저포트, DM : 유전체 다층막 거울, DLI : 펨토초 색소 레이저, SA : 가포화 흡수체,
CLFB : 캐비티 길이 피드백 시스템, DL2 : 가변파장 색소레이저, w : 소인웨지, E : 에
탈론, FD : 고정 지연장치, VD : 가변 지연장치, BS : 빔 스플리터, P : 반파장판, F : 광
학필터, s : 시료, MC : 분광기, PMT : 냉각 광전자 증배관

그림 7-11 **펨토초 시간분해 CARS의 실험장치**

CW 모드동기 Nd : YAG 레이저 (70 ps)의 고조파 (532 nm)를 둘로
나누어서 펨토초 색소레이저와 피코초 가변파장 피코초 색소레이저
의 둘을 들뜨게 한다. 펨토초 레이저광 (<100fs)을 빔 스플리터로 둘
러 나누어 펌프광과 프로브광으로 한다. 피코초 레이저광은 유도 스
토크스광으로 사용하여 진동모드에 동조시킨다. 시료상에서는 이와
같은 3가지 빛이 상호 작용하여 어느 일정한 방향으로 CARS 신호를
부여하므로 이것을 관측한다.

곧은 사슬 폴리에틸렌의 일종인 β카로틴 (carotene)은 식물에 포함
되어 있는 물질이다. 이 분자의 강한 두 라만선의 '울림소리' 비트 현
상이 관측되었다. 보통 라만선은 C = C 신축 진동이 1,520 cm^{-1}에,
C − C 신축진동이 1,150 cm^{-1}에 관측된다. 스토크스 레이저광을 이

두 진동상태에 거의 중앙에 동조하여 CARS를 관측하면 그림 7-12와 같은 비트패턴이, 강도 3자리수에 걸쳐 관측되었다(4염화 탄소 중)[27]. 이 비트간격은 11 THz (~90fs에 상당)이고, 주파수 영역에서는 368 cm^{-1} 이 된다. 이것은 $1,520-1,150=370$ cm^{-1}과 일치하며, 두 라만선의 비트인 것을 알 수 있다. 이 비트 전체의 감쇄는 $T_2/2 = 0.3$ ps이고, 진동의 위상완화(T_2)를 나타내고 있다. 다음에 스토크스광을 $C = C$ 진동의 에너지에 동조하면 비트는 소멸되고 $C = C$ 진동만의 위상이 완만한 감쇄로 관측된다.

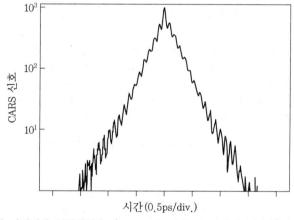

진동 상태의 전체적인 위상완화($T_2/2 = 0.3$ps) 외에 두 라만선의 비트(피크의 간격 : 90fs)가 관측되었다. 농도 : 10^{-3}M, 용매 : 4염화탄소

그림 7-12 β카로틴의 시간분해 CARS 신호

여러 가지 다른 용매, 혹은 혼합 용매를 사용하여도 β카로틴의 위상 완화 시간은 거의 0.3ps와 다르지 않았다. 이처럼 크고 또 유연성이 있는 분자에서는 낮은 진동모드가 많고, $C = C$ 신축 진동의 에너지 영역에서는 분자 안의 진동모드 밀도가 매우 커져 ($\sim 10^{12}$개/cm^{-1}) 분자간 진동의 영향을 별로 받지 않기 때문이라 생각된다.

그러나 크로마티움비노삼이라는 광합성 *in vivo*계 중에 존재하는

카로티노이드 (carotenoid)의 펨토초 CARS를 관측하면 분명히 0.21ps
로 수명이 짧았다[28]. 이 원인은 정확하게 밝혀지지는 않았지만
in vivo 분자 상호작용이 특별히 강해진 것이 아닌가 추정된다.

작은 분자에서는 주위 분자와의 상호작용이 진동 위상 완화 시간
T_2에 어떻게 반영되는 것일까. 아세토니트릴 (acetonitrile)($CH_3C{\equiv}N$)
은 각종 알코올과 수소 결합을 형성한다. 수소 결합이 강한 용매일수
록 T_2가 짧아지는 것이 처음으로 관측되었다. 용매의 영향이 진동완
화에 크게 반영되는 것을 알았다[29].

이상 피코초 및 펨토초 분광의 방법과 그 특징 및 몇가지 연구 사
례의 개요를 응축상에 국한하여 설명하였다. 이 분야는 아직 새로운
분야이므로 앞으로 더욱 많은 현상이 높은 시간분해능으로 관측되어
각종 기본적인 과정이 밝혀지게 될 것으로 기대된다. 특히 고분자화
학에의 다양한 응용이 기대된다.

참고문헌

1) GR. Fleming : Chemical Applications of Ultrafast Spectroscomy, Oxford Univ. Press, New York (1986)

2) 実験化学構座 7, 分光 II, 丸善 (1992)

3) R. L. Fork, B. I. Green, C. V. Shank : *Appl. Phys. Lett.,* **38**, 671 (1981)

4) M. D. Dawson, T. F. Boggess, D. W. Garvey, A. L. Smirl : Ultrafast Phenomena V. Springer, Berlin (1986)

5) R. L. Fork, C. H. Brito, P. C. Beckev, C. V. Shank : *Opt. Lett.,* **12**, 483 (1983)

6) Y. Takagi, M. Sumitani, N. Nakashima, K. Yoshihara : *IEEE J. Quantum Electron,* **QE-21**, 193 (1985)

7) Y. Yamashita, T. Tomono, S. Kobayashi, K. Torizuka, K. Aizawa, T. Sat o : *Photochem. Photobiol.,* **47**, 189 (1988)

8) K. Kemnitz, N. Nakashima, K. Yoshihara : *J. Phys. Chem.,* **92**, 3915 (1988)

9) K. Kemnitz, K. Yoshihara, T. Tani : *J. Phys. Chem.,* **94**, 3099 (1990)

10) T. Mitani, H. Okamoto, Y. Takagi, I. Yamazaki, M. Watanabe, K. Fukui, S. Koshihara, C. Ito : Ultrafast Phenomena VI, Springer, Heidelberg, (1998) p.410

11) J. Shah : *IEEE J. Quantum Electron.,* **24**, 276 (1988)

12) K. Kobayashi, Y. Takagi, H. Kandori, K. Kemnitz, K. Yoshihara : *Chem. Phys. Lett.,* **180**, 416 (1991)

13) K. Yoshihara, A. Yartsev, N. Nagasawa, H. Kandori, A. Douhai, K. Kemnit z : Ultrafast Phenomena VIII, J. L. Martin, A. Migus, eds., Springer, Berlin, 印刷中

14) H. Sumi, R. A. Marcus : *J. Chem. Phys.,* **84**, 4894 (1986)

15) K. Yoshihara, A. Namiki, M. Sumitani, N. Nakashima : *J. Chem. Phys.,* **71**, 2892 (1979)

16) M. Sumitani, K. Yoshihara : *Bull. Chem. Soc. Jpn.,* **55**. 85 (1982)

17) K. Kamogawa, A. Namiki, N. Namki, N. Nakashima, K. Yoshihara, I. Ikegami : *Photochem. Photobiol.* **34**, 511 (1981)

18) R. A. Mathies, W. T. Pollard, C. H. Brito Cruz, C. V. Shank : Ultrafast Phenomena VI eds. T. Yajima, K. Yoshihara, C. B. Harris, S. Shionoya,

Springer, Heidelberg. (1988)

19) N. Ikeda, K. Imagi, H. Masuhara, N. Nakashima, K. Yoshihara : *Chem. Phys. Lett.*, **140**, 281 (1987)

20) Y. R. Shen : *Ann. Rev. Meterials Sci.*, **16**, 69 (1986)

21) S. R. Meech, 吉原経太郎 : 日本物理学会誌 **47**, (1992)

22) H. W. K. Tom, C. D. Aumiller. C. H. Brito-Crua : *Phys. Rev.* **60**, 1438 (1988)

23) S. R. Meech, K. Yoshihara : *Chem. Phys. Lett.*, **184**, 20 (1989)

24) A. L. Harris, N. J. Levinos : *J. Chem. Phys.* **90**, 3378 (1989)

25) A. L. Harris, L. Rothberg, L. Dhar, N. J. Levinos, L. H. Dubois : *J. Chem. Phys.* **94**, 2438 (1991)

26) H. Okamoto, K. Yoshihara : *J. Opt. Soc. Am.* **7B**, 1702 (1990)

27) H. Okamoto, K. Yoshihara : *Chem. Phys. Lett.*, **177**, 568 (1991)

28) H. Okamoto, H. Hayashi, K. Yoshihara M. Tasumi : *Chem. Phys. Lett.*, **182**, 96 (1991)

29) R. Inaba, H. Okamoto, K. Yoshihara, M. Tasumi : *Chem. Phys. Lett.*, **185**, 56 (1991)

제 3 부

고분자 고체의 해석

제 8 장 광산란에 의한 고체구조 해석

8·1 머리말

광산란법은 고분자 용액 분야에서는 이미 1940년대부터 중요한 연구 기법이었지만 고분자 고체의 구조해석에 광산란법이 응용 가능하게 된 것은 레이저를 이용하게 되면서 부터였다고 해도 과언이 아니다. 레이저 광원의 단색성, 높은 간섭성 및 강한 광강도에 의해서 고분자 고체의 선명한 광산란상을 얻을 수 있게 되었기 때문이다.

레이저 광산란을 이용하여 관찰할 수 있는 대상의 크기는 수 10 nm 에서 수 100 μm까지, 광학현미경으로 관측할 수 있는 크기를 커버하며, 또 X선 회절과 광학현미경의 간격을 커버하는 것이다. 결정성 고분자의 고차 (高次) 조직, 예를 들면, 구정 (球晶)이나 피브릴 (fibril) 상 조직 혹은 고분자 혼합계의 상분리 구조 등, 이 범위 크기의 구조 연구에 레이저 광산란은 불가결하다. 특히 최근에는 스피노달 분해에 의한 상분리 과정에의 응용이 매우 활발하다.

빛의 산란은 분극률의 변동 (fluctuation)에 기인한다. 따라서 계 안에 굴절률이 다른 부분을 많이 포함하고 있는 경우, 예를 들면 고분자 혼합계나 복합재료 등 어떤 충전물이나 보이드를 포함하는 것, 결정성 고분자 (결정상과 비정상의 굴절률은 대개의 경우 상등하지 않다) 등에서는 그것의 굴절률이 다른 부분의 크기나 그 상대 위치가 산란

조건에 적합할 때 빛의 산란이 일어난다. 분극률은 전자밀도와 깊은 관련이 있으므로 밀도의 변동이 있으면 빛은 산란한다.

어떤 물질이 빛을 산란할 때는 투명성이 감소하고, 또 강하게 산란하면 희뿌옇게 보인다. 따라서 고분자 재료 혹은 고분자 필름의 투명성이 문제가 될 때는 그 광산란을 평가하는 것이 기본적으로 중요하다. 예를 들면, 고분자 브랜드의 투명성을 향상시키기 위해서는 광산란 이론으로 평가할 때 가급적 불순물을 제거하는 것 외에 각 상의 굴절률이 가급적 가까운 성분 혹은 조성비를 택하는 것이 효과적이다.

분극률에 이방성이 있는 경우는 그 이방성의 변동으로 인하여, 또 분극률의 이방성 (광학 이방성)을 갖는 구조단위의 배향 변동에 의해서도 산란이 발생한다. 이 광학 이방성에 기인하는 산란은 X선 산란에는 없고 광산란 특유의 것이다. 고분자의 분자사슬 자체는 광학 이방성을 가지고 있으므로 분자 사슬이 일정한 배열상태를 가지고 집합한 구조, 예를 들면 결정 라메라 등도 광학 이방성을 갖는다. 따라서 고분자 고체에서는 (그리고 액정에서도) 광학 이방성에 기인하는 산란은 상당히 일반적인 현상이며, 광산란의 각종 편광성분을 관찰하는 편광 광산란 측정이 실시된다.

이상 설명한 사실들이 광산란을 이용하여 고분자 고체 내부 구조의 크기, 형상, 그리고 배열상태를 연구할 때의 기본적인 원리가 된다.

광학 현미경과 비교하였을 때의 광산란법의 특징은 광학현미경으로는 얇은 시료편의 한정된 시야의 2차원적인 정보만을 얻을 수 있는데 비하여 산란법에 의하면 3차원적인 영역 (입사빔에 의해 조사된 부분)의 평균적인 구조 정보를 정량적으로 획득할 수 있다.

레이저 광산란 장치의 광학계는 비교적 단순하므로 예컨대 고분자 필름의 광산란상의 정적 관찰 등은 쉽게, 또한 단시간에 할 수 있다. 한편, 레이저는 강한 광원임을 활용하여 광산란상을 짧은 시간간격으로 측정함으로써 구조의 형성·소멸과정, 구조 변형과정의 다이나믹스도 연구되고 있다. 이 분야는 앞으로 더욱 크게 전개될 것으로 전망된다.

고분자 고체의 광산란 측정은 이상 설명한 바와 같이 측정 대상과 그 측정 목적이 희박 용액의 광산란 측정과는 상당히 다르다. 따라서 측정장치와 측정기술도 상당히 다른 요소를 포함하고 있다. 고분자 준농후 용액, 농후 용액, 액-액 혼합계와 액정 등의 광산란은 측정 기술적으로는 희박 용액의 광산란보다 오히려 고체 측정에 공통된 것이 많다. 여기서는 그것을 포함하여, 광산란 검출과 데이터 수집 방법에 중점을 두고, 레이저 광산란법을 기술하기로 하겠다.

8·2 원리

산란체에 의한 빛의 산란은 원리적으로는 Maxwell의 방정식을 엄밀하게 해독함으로써 기술할 수 있다. 이것은 소위 **Mie 산란**이라는 것인데, 수학적으로 복잡하기 때문에 고분자 고체의 광산란을 기술하는 데는 어려움이 많다. 하지만 대부분의 경우 Born 근사를 사용한, 다루기가 보다 쉬운 이론인 **Rayleigh-Gans 산란**을 적용할 수 있다. 단, 계 안에 굴절률이 상당히 다른 부분이 포함되어 있을 때, 예컨대 고분자 고체 속에 공극(void)이 존재할 때나 유리섬유 강화 플라스틱 등의 복합 재료 등에서는 Rayleigh-Gans 이론과의 격차가 생겨 Mie 산란이론에 따르지 않으면 안되는 경우도 있으므로 주의할 필요가 있다.[1] 산란체로부터의 Rayleigh-Gans 산란의 진폭 E는 다음 식으로 주어진다.

$$E = K \int (M_i \cdot O) \exp\{ik(r_i \cdot s\}dr_i \quad \cdots\cdots\cdots\cdots (8.1)$$

여기서 K는 $4\pi^2/(R\lambda_0^2)$이고, R는 산란체와 관찰점의 거리, λ_0는 진공 중의 빛의 파장이다. 산란체에 전기 벡터 E_0를 갖는 입사광이 조사되면 위치 벡터 r_1에 있는 i산란요소에는 그 분극률 텐솔을 α_i로 하면 쌍극자 모멘트 $M_i = \alpha_i E_0$가 유기된다. 유기된 진동 쌍극자는 전자기파를 방사한다. 이것이 산란광이 된다.

　모든 산란 요소로부터 나오는 산란광 전기 벡터의 간섭에 의해서 산란체로부터의 산란광이 결정되는데, 편광 광산란의 경우는 검광자 (analyzer)의 편광방향 O의 성분만이 관측되므로 결국 산란광의 전기 벡터 진폭은 식 (8.1)로 주어지게 된다. 또 s는 입사광과 산란광의 벡터차 $s_0 - s'$로, 산란각을 θ로 할 때 $|s| = 2\sin(\theta/2)$의 관계가 있다. 또 dr_i는 위치벡터 r_i의 위치에 존재하는 부피 소편을 의미한다. 식 (8.1)이 뜻하는 바를 다른 말로 표현하며, 유기쌍극자 모멘트 M_i (정확하게는 O방향의 성분)와 E는 푸리에 변환의 관계에 있다는 뜻이다. 따라서 일반적으로 큰 산란체로부터의 산란은 작은 s, 즉 작은 산란각에서 관측되고, 반대로 작은 산란체로부터의 산란은 큰 산란각에서 관측되는 사실을 이해할 수 있다. 또 좌표 r로 기술되는 공간을 실제 공간, s로 기술되는 공간을 역공간 또는 푸리에 공간이라고도 한다.

　관찰되는 산란광 강도는 $I = (c/8\pi)EE^*$로 된다. E^*는 E의 공역 복소수를 뜻한다. 따라서 쉽게 이해할 수 있듯이 I에는 이미 E의 위상정보는 포함되어 있지 않다. 푸리에 변환의 성질을 상기하면 알 수 있듯이, 이것은 실제 공간의 절대 위치의 정보가 상실된 것이 된다. 이것은 빛, X선을 포함하는 모든 산란측정의 숙명이다. 주의해야 할 점은, 산란측정에 의하면 산란 요소의 평균적인 크기, 혹은 산란 요소 간의 거리의 평균적인 양이 얻어지게 된다는 것이고 또 산란 요소의 크기에 분포가 있을 때, 산란법으로 획득한 평균적인 크기는 단순 평균은 아니라는 사실이다. 일반적으로 산란 현상에서는 큰 입자가 산란 강도에 보다 크게 기여하기 때문이다.

　평광 광산란에서는 입사광과 검광자의 편광방향의 조합으로 각종 편광성분이 관찰되지만 일반적으로는 H_V, V_V, H_H 편광성분이 측정된다. 여기서 H, V는 각각 수평 편광, 수직 편광을 의미한다. 예를 들면, H_V는 검광자의 평광방향이 수평이고, 입사광의 편광 방향이 수직인 경우이다. H_V 산란은 광학 이방성의 변동 (fluctuation)으로 인한 산란이고, V_V 및 H_H 산란은 밀도의 변동과 광학이방성의 변동 두 요소를 포함한다. 따라서 편광 광산란을 사용하여 고분자 고체의 구조 요소의 형태, 크기뿐만 아니라 구조 요소의 배향과 구조 요소 내의 광학 주축의 방향 등의 정보를 얻을 수 있다.

산란체의 명확한 모델이 주어지는 경우는 식 (8.1)에 따라 E를 구하고, 그로부터 산란강도를 구할 수 있다. 이것은 모델적 방법이라 하는데, 구정(球晶) 조직이나 피브릴(fibril)상 조직 등에 관한 구조 해석 기법이 확립되어 있다[2]. 그 응용 예로 가장 많이 알려진 것이 구정 사이즈의 결정법이다. 즉, 구정에서 H_V 산란강도의 극대 값을 취하는 산란각 θ_{max}와 구정의 반지름 R_0는 다음의 관계가 있다.

$$\frac{4\pi}{\lambda} R_0 \sin\frac{\theta_{max}}{2} = 4.09 \quad\cdots\cdots\cdots\cdots\cdots\cdots\cdots\cdots\cdots (8.2)$$

여기서 λ는 산란매체 속의 빛의 파장이다. 이 식에 의하면 H_V 광산란상으로부터 쉽게 구정의 평균적 크기를 획득할 수 있다.

고분자 혼합계가 1상 혼합상태에서 온도 점프 등에 의해서 열역학적으로 불안정한 영역에서 상분리를 일으킬 때, 상분리는 스피노달 분해에 의해 진행된다. 이때 계로부터의 광산란상은 스피노달링이라고 하는 링상의 산란상을 나타낸다. 스피노달 분해에서는 상분리는 계의 농도 변동의 성장에 따라 진행한다. 식 (8.1)에 의하면 산란파의 진폭은 농도의 공간 분포의 푸리에 변환이 되므로 산란광 강도는 농도 변동의 공간 스펙트럼을 부여하게 된다.

$$I = (q, t) = <\eta^2(q, t)> \quad\cdots\cdots\cdots\cdots\cdots\cdots\cdots\cdots (8.3)$$

여기서 q는 변동 파수(변동 파장을 Λ로 하면 $q = 2\pi/\Lambda$)로, 산란각 θ와는 $q = 4\pi\sin(\theta/2)/\Lambda$로 관계된다. $\eta(q, t)$는 시각 t에서의 농도 변동의 q-푸리에 성분이다. 이처럼 광산란법은 변동의 스펙트럼 아날라이저와 같은 작용을 하므로 스피노달 분해 연구에서 중요하다.

8·3 측정법

(1) 사진법

사진법은 오래 전부터 이용되어 왔고 현재까지도 광산란의 가장 간단한 측정 방법이다. 그림 8-1은 표준적인 세로형 광산란 장치의 개략도이다. 레이저의 선 편광빔을 편광면 회전자를 통하여 온도제어 가능한 시료조 안의 시료에 조사한다.

시료로부터의 산란광은 검광자를 통하여 사진 필름을 노출시키거나 혹은 광택을 지운 유리(frosted glass) 등으로 만든 스크린에 영사함으로써 육안적으로 관찰할 수 있다. 장치 전체는 외광의 영향을 피하기 위해 차광하는 것이 바람직하다. 이런 의미에서 비디오 카메라 등으로 광산란상을 촬영한 다음 비디오 모니터로 관찰하면 작업하기 쉽다. 또 이 경우 VTR에 기록함으로써 시간적으로 변화하는 산란상을 해석할 수도 있다. 컴퓨터를 이용하여 시각을 기록시키거나 또는 산란상을 VTR에서 읽어 해석하는 것도 가능하다.

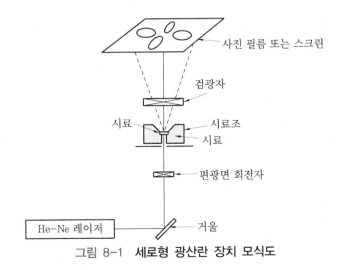

그림 8-1 **세로형 광산란 장치 모식도**

(2) 강도법

강도법은 광산란 강도를 각종 센서를 사용하여 측정함으로써 광산란의 정량적 측정을 하는 것이다. 이 목적에 사용하는 광센서 및 그 데이터 수집에 관해서는 뒤에서 자세하게 설명하겠다.

시료조와 각종 편광조건을 결정하기 위한 편광자 및 검광자에 대해서는 사진법과 마찬가지이다. 광산란으로 시료의 구조를 조사하기 위해서는 산란강도의 산란각 의존성을 측정하는 것이 중요하다. 산란각 의존성을 측정하는 방법은 다음 항에서 설명하는 바와 같이 사용하는 광센서에 따라 다르지만 측정장치에는 각도 주사기구 등 그에 대한 수단이 필요하다.

(3) 데이터 보정

측정된 산란강도에 대해서는 몇 가지 데이터 보정이 필요하다. 먼저 시료 표면의 입사광 및 산란광의 굴절을 고려해야 한다. 이것은 정확한 산란각을 얻기 위해 필요하다. 시료 표면에서의 입사광과 산란광의 반사, **다중 산란**, 광학계의 이른바 장치함수의 보정이 필요한 경우도 있다. 또 산란각의 주사로 인하여 시료의 조사 부피가 변화하는 경우에는 그 보정도 필요하다. 그리고 과도한 다중 산란이 있으면 산란상은 흐릿한 것으로 되어 보정이 불가능하다.

원래 광산란상을 관측하려면 시료는 먼 곳의 것이 투명하게 보이는 정도의 투명성이 있어야 한다. 그렇지 않으면 빛을 세게 산란하여 다중 산란을 일으킨다.

산란이 강한 경우에는 얇은 시료를 사용해야 한다. 또 시료 속에 먼지나 기포 같은 이물질이 있을 때는 그것이 빛을 강하게 산란할 수도 있으므로 가급적 이물질이 혼입되지 않도록 배려해야 한다. 또 시료 표면에 미세한 요철이 있을 때의 표면 산란은 보정하는 방법이 없

기 때문에 그러한 경우에는 시료 표면을 매끄럽게 하거나, 그것이 불가
능할 때에는 시료와 굴절률이 같은 액체 속에 담구어 측정한다. 이 때는
물론 측정 중에 시료가 팽윤 또는 용해되지 않았는가 확인해야 한다.

시료를 항온조 속에 넣고 분위기 온도를 변화시켜서 측정할 때는 측
정조의 창재료에서의 산란이 허용한도 이내인지, 세심한 주의가 필요
하다. 특히 저온에서 측정할 때는 창의 결로 또는 서리의 부착이 있으
면 그로 인한 산란을 시료의 산란으로 잘못 보는 경우도 있으므로 주
의해야 한다.

이 밖에 산란상을 일그러지게 하는 원인으로는 시료의 복굴절 및 선
광성 (optical activity)이 있으므로 조심해야 한다.

광원 강도의 변동에 대해서는 강도 모니터에 의해서 광원의 강도를
측정하고, 그 측정값에 따라 측정강도를 보정한다. 강도법에서 산란광
검출기인 광센서에 대한 보정에 관해서는 다음 항에서 설명하겠다.

(4) 검출기 데이터 수집

표 8-1에 광산란 측정에 사용되는 대표적인 검출기인 광전자증배
관 (photomultiplier tube) 및 1차원, 2차원 검출기의 예로 포토다이오
드 어레이, 비디오 카메라의 특징을 비교하였다.

표 8-1 **각종 검출기의 비교**

항 목	PM	PDA	비디오 카메라
다이나믹 렌지	◎	◎	×
리니아리티	◎	◎	△
위치 측정	점	1차원	2차원
시분활 측정	△	◎	○
read out 회로	용이	복잡	내장
검출기의 크기	중	소	대~중

PM : 광전자 증배관, PDA : 포토 다이오드 어레이

광전자 증배관은 이름 그대로 광전자의 증배 기능을 내장하고 있기 때문에 고감도의 광검출기이다. 이것은 미약한 산란광까지 비교적 쉽게 측정할 수 있으며 다이나믹 렌지, 리니야리티, 모두 양호하다. 단, 광전자 증배관을 사용할 때는 기종마다 정해진 적절한 전압을 인가하고, 광전류의 증폭회로에도 세심한 주의를 기울이지 않으면 리니야리티, 안정성, 노이즈 면 등에서 본래 가지고 있는 성능을 발휘시킬 수 없다. 또 시분활 측정의 경우는 증폭회로의 응답속도도 고려해야 한다.

포토 다이오드로 다이나믹 렌지, 리니야리티 모두 양호하지만 출력 전류가 미약하기 (미약광의 경우 PA의 오더) 때문에 증폭회로의 구성 및 실장에는 보다 세심한 고려를 필요로 한다. 하지만 최근의 반도체 기술의 발전으로 종전에는 상상도 할 수 없었던 고성능의 IC 오퍼레이션 앰프를 쉽게 입수할 수 있게 되었으므로 포토 다이오드용의 고정밀도 광전류 적분회로도 어렵지 않게 되었다.

위와 같은 이유로, 이들 2종의 광검출기는 모두 광산란의 정량적인 측정에 적합하다. 하지만 이들 검출기는 한 수광면에 입사한 빛을 검출하는 것이므로 광산란 강도분포를 측정하기 위해서는 검출기를 주사시켜서 산란각 θ를 변화시킬 필요가 있다. 검출기의 주사 (走査)에는 일정한 시간이 걸리므로 이 방식은 신속한 측정에는 적합하지 않다. 그러나 수 10초 이상의 타임 스케일이라면 시분활 측정에도 충분히 유효하다.

필자 등은 광전자 증배관 주사방식의 시분활 광산란 광도계를 개발하였다[3]. 그림 8-2는 그 광학계의 모식도이다. 산란강도는 AD 변환하여 컴퓨터로 데이터를 수집한다. 산란각의 주사는 광전자 증배관을 장착한 고니오미터를 펄스모터로 회전시켜서 한다. 또 회전식의 감쇄 필터를 펄스모터로 회전시킴으로써 입사 광량을 자동적으로 조절한다. 편광조건의 설정은 편광면 회전자 및 검광자를 회전시켜서 한다. 이 방법에서는 산란각 주사 중에 광원의 강도가 변화하면 바른 산란 강도 분포를 획득할 수 없으므로 강도 모니터에 의해서 늘 광원의 강도를 측정하고, 그 결과에 따라 측정강도를 보정한다. 이 광산란 광도계의 각도 분해능을 향상시키기 위해서는 입사 빔의 크기와 핀홀을 작게 하면 되지만, 그렇게 하면 시료의 조사 단면적이 작아져 시료의 극히 일부의 평균적 정보 밖에 얻지 못하게 된다. 또 그와 관련하여 이른바 스펙클(speckle)의 영향이 현저하게 되어 바람직스럽지 못하다.

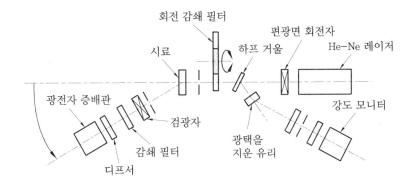

그림 8-2 주사형 광산란 광도계 광학계 모식도

하지만 디프서(diffuser) 앞에 렌즈와 조리개를 설치함으로써 목적하는 산란각 이외의 산란광을 광전자 증배관으로 입사시키지 않도록 하면 그러한 문제가 발생하지 않고 양호한 각도 분해능을 얻을 수 있다. 이 방법은 1차원 혹은 2차원 검출기에서는 사용하기 어렵기 때문에 매우 높은 각도 분해능을 필요로 하는 경우(작은 각 광산란 등)에는 이 주사형 광산란 광도계가 거의 유일한 방법이다.

또 검출기를 주사하는 대신에 회전 원반 상의 프리즘을 사용하여 신속하게 측정하는 연구도 있다[4]. 신속한 측정을 목적으로 하여 광전자 증배관이나 포토다이오드를 다수 배열하여 상이한 산란각의 산란광을 한 번에 측정하려고 하는 시도도 있다. 광전자 증배관의 경우는 작은 것일지라도 굵기가 10 mm 정도나 되기 때문에 검출부의 크기 제한 등으로 산란각 180°당 50 내지 100 소자 정도를 배치하는 것이 한도일 것으로 생각된다. 그리고 광전자 증배관은 값이 매우 비싼 편이다.

반면, 포토다이오드는 훨씬 많은 소자를 사용할 수 있다. 또 포토 다이오드의 경우는 하나의 칩 속에 많은 포토 다이오드 소자를 1차원 상으로 배치한 포토 다이오드 얼레이가 시판되고 있다. 단, 일반적으로 시판되고 있는 포토 다이오드 어레이는 이미지 스케너 등의 센서로 사용하기 위한 것이므로 미약한 광측정에는 적합하지 않다.

광산란용에는 특히 분광 측정용으로 개발된 소자의 수광면적이 큰 것이 적당하다. 각 소자의 폭이 1 mm, 수광면적이 4 mm^2 이고 소자 수 46까지의 것(하마마쓰 포토닉스(주))을 구할 수 있다. 또 최근에는 주사회로를 내장한 1024 소자 분광측정용 포토 다이오드 어레이도 시판되고 있다. 포토 다이오드의 광전류를 적분하여 전압값으로 이끌어낼 수 있는 출력회로도 메이커에 의해서 공급되고 있다.

필자 등은 35소자의 포토 다이오드 어레이와 상술한 출력회로를 사용하여 PC에 12비트 AD 변환 기판과 파라렐 입출력 기판(모두 시판품)을 조립하여 이것들을 접속하여 시분활 광산란 측정에 사용하고 있다. 또 미약 광을 측정하고, 특히 고속으로 측정하기 위해 46 소자의 포토 다이오드 어레이를 6개까지 접속할 수 있는 포토 다이오드 어레이 측광 시스템을 개발하였다.

이 시스템은 소자 하나하나가 전용 적분회로를 가지며, 디지털 신호처리 소자를 탑재한 제어 컴퓨터[5]를 사용하여 고속의 출력 주사를 한다. 이것과 고속의 AD변환기를 조합하면 밀리초의 오더로 1차원적 광산란 강도분포를 측정할 수 있다. 다이나믹 렌지 면에서는 16비트의 AD변환기를 사용함으로써 약 4자리수의 산란강도 변화에 대응할 수 있다. 또 적분시간을 변화시킴으로서도 산란강도 변화에 대응할 수 있으므로 전체적으로 6자리수(10만 단위까지) 정도의 다이나믹 렌지를 얻을 수 있다.

특히 최근에는 고정밀도 AD 변환기의 고속화가 발전하고, 제어용 마이크로 프로세서의 발전도 현저하므로 포토 다이오드 어레이에 의한 광산란의 신속한 측정은 앞으로 더욱 더 유망할 것으로 믿어진다.

여기서 각 검출기에 대한 데이터 보정에 대하여 기술하겠다. 광전자 증배관 및 (단일의)포토 다이오드는 앞에서 설명한 바와 같이 입사 광량과 출력에 좋은 직선성이 있으므로 증폭회로 등에 세심한 주의를 기울여 사용하면 보정이 불필요하고, 암전류 (빛이 입사하지 않을 때의 출력 전류)를 제하는 것만으로 족하다.

복수의 검출기를 사용하는 경우나 1차원 또는 2차원 검출기의 경우는 각 소자의 감도가 균일하다고는 단언할 수 없으므로 강도가 균일한 빛을 입사시켜 감도보정 데이터를 기록하고, 그 데이터에 의해서 비균일성을 보정해야 한다.

상기한 포토 다이오드 어레이 측광 시스템의 경우처럼, 검출소자 하나하나에 대하여 전용의 증폭기 또는 적분기를 사용할 때는 증폭기 등까지 포함한 감도보정이 필요하다.

2차원적인 광검출기를 사용하면 더욱 신속한 측정을 할 수 있다. 광산란에서는 X선 산란과는 달리 산란 요소인 광축의 배향 상관이 있으면 가령 평균적 배향이 랜덤일지라도 비등방적인 산란상이 얻어지므로 더욱 2차원 검출기의 사용이 요망된다. 그 대표적인 것이 비디오 카메라이다. 진공관식 찰상관도 감도가 좋은 것이 있지만 반도체 찰상소자를 사용한 이른바 솔리드 스테이트(solid-state) 카메라는 소형이고, 일반적으로 값도 저렴할 뿐만 아니라 원리상 상의 일그러짐이 적은 장점이 있다. 또 잔상 시간도 진공관식보다는 짧으므로 시분할 측정에는 유리하다.

다이나믹 렌지면에서는 유감스럽게도 보통 비디오 카메라는 광전자증배관이나 포토 다이오드에 비하면 크게 뒤떨어진다. 보통 비디오 카메라는 말할 것도 없고, 영상을 촬영하기 위해 만들어진 것이므로 다이나믹 렌지는 2자리수 정도에 불과하여, 광량의 변화에 대하여서는 조리개를 사용하여 대응한다. 그 때문에 광산란의 정량적 측정에 대해서는 한계가 있다. 하지만 쉽게 구할 수 있는 기기에 의해서 2차원적인 광산란상을 한번에 측정할 수 있는 점은 무엇보다도 매력적이다. 정성적, 혹은 산란 피크 위치의 검출 등, 반정량적인 측정에는 상당히 편리하다.

한편, 반도체 찰상소자 그 자체의 다이나믹 렌지는 결코 작지 않기 때문에 특별한 제어회로를 사용한다면 정량적인 측정에 적합한 다이나믹 렌지가 큰 2차원 검출기를 만드는 것은 충분히 가능하다. 그 하나의 예로, CCD 소자를 냉각하여 입사광을 축적함으로써 미약 광량의 영상을 촬영할 수 있는 것도 개발되었다. 또 미약한 산란상을 측정하기 위해서는 2차원적인 광전자 증배 기능을 갖는 마이크채널 플레이트 등을 이용한 이미지 인텐시 파이어 (image intensifier)를 비디오카메라 등의 2차원 검출기와 조합하여 사용하는 방법이 있고, 포토카운팅 이미징이 가능한 제품도 있다.

비디오카메라를 사용할 때의 실제적인 어려움은 찰상소자의 유효 면적이 작기 때문에 렌즈 등 산란광을 집광시키는 수단이 필요하다. 그러나 넓은 각도까지 집광시킬 수 있는 정당한 방법이 없기 때문에 어느 정도 작은 각도의 측정에 제한된다는 점이다. 광파이버로 집광시키는 것은 원리적으로는 가능하지만 실제 개발은 이제부터의 과제이다.

2차원 광검출기를 사용하는 경우의 데이터 보정은 1차원 검출기와 마찬가지로 암전류와 감도의 비균일성 보정이 중심이 된다. 다만, 보통 비디오카메라를 사용하는 경우는 앞에서도 설명한 바와 같이 고도의 정량적 측정은 할 수 없으므로 찰상소자 감도의 비균일성의 엄밀한 보정은 별 의미가 없다. 하지만 렌즈 등의 결상소자에 의한 비균일성을 무시할 수 있느냐의 여부는 검토가 필요하다. 또 비디오카메라는 사진 필름과 마찬가지로 보통 입사광량과 출력 레벨이 비선형인데, 이것을 감마 특성이라 한다. 따라서 이에 대한 보정, 즉 감마보정이 필요하다. 비디오카메라에 따라서는 스위치의 전환으로 입사광량과 출력이 비례하는 모드를 선택할 수 있는 것도 있다. 단, 비례 모드로 하면 동일 정밀도의 AD 변환기를 사용하는 한 다이나믹 렌지가 작아지게 된다.

Stein 등은 실리콘 비디컴과 OMA (옵티칼 멀티채널 아날라이저)라는 영상 디지털화 장치를 미니컴퓨터로 제어하는 광산란 측정장치를 개발하였다[6]. 50×50의 데이터점 산란상을 10초에 측정한다.

최근 디지털 영상처리 기술의 발전으로 비디오카메라에서 받는 입력을 텔레비전 주사에 동기시켜, 즉 한 화면을 1/30 또는 1/60초에 512×512 혹은 그 이상의 위치 분해능으로 디지털화하는 것이 가능하게 되었다. 그래서 필자 등은 특히 동영상 수집용으로 개발한 디지털 영상처리장치[7]를 광산란의 시분활 측정에 응용하는 것을 시도하였다[8].

이 장치의 특징으로는 첫째, 입력 영상을 8비트 AD 변환기에 의해서 디지털화하고, 획득된 영상 데이터를 16비트 폭의 512×512의 영상 메모리에 몇 프레임 (frame)이든 리얼 타임으로 적산할 수 있고, 또 이때 사전에 측정 혹은 설정된 참조 영상과의 각 화소마다 차를 적산할 수 있는 것을 들 수 있다. 이렇게 함으로써 비디오카메라의 다이나믹 렌지의 부족을 보완하고, 또 광산란상의 시간적 변화를 측정하는 것이 그 목적이다. 이것을 사용하면 초의 오더로 광산란상의 측정이 가능하며, 산란광이 충분히 강할 때에는 1/30 혹은 1/60초 마다의 측정까지 가능하다.

두 번째 특징으로는 시분활 측정을 위해 영상 메모리를 $n \times m$ (n, m는 2의 역승)으로 분활하고, 각 블록에 위치 분해능을 떨어뜨린 영상 데이터를 순차 기록하는 특수한 기능을 추가하였다. 한 예를 들면 128×128의 분해능으로 측정하는 경우는 16의 시분활 기록이 가능하다. 획득된 산란상의 노이즈 제거는 영상 처리의 일반적 기법이다. 콘볼루션 연산 (convolution operation)을 사용한 평활화 처리에 의해서도 할 수 있다. 이것은 레이저 광산란에 특유한 스펙클 (speckle) 노이즈를 제거하는 데에도 효과적이다.

그림 8-3은 CCD 비디오 카메라와 상술한 영상처리 장치를 사용하

여 저밀도 폴리에틸렌 구정의 H_V 산란을 측정한 예이다.

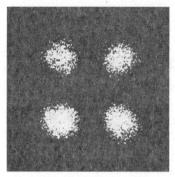 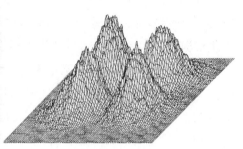

(a) 저밀도 폴리에틸렌 구정의   (b) (a)의 데이터 오감도(평활화 처리)
　　H_V 광산란상

그림 8-3

그림 8-3(a)는 비디오 카메라의 감마보정을 하고 산란상의 기울기 등을 2차원 아핀 변환으로 보정한 후에 비디오 프린터에 출력한 것이다. 그림 8-3(b)는 그 데이터에 평활화 처리를 가하여 레이저 프린터로 묘사한 오감도이다. 이 작화는 다음 순서로 실시하였다.

먼저 영상처리 장치의 소프트웨어에 의해서 그래픽 디스플레이 말단에 오감도를 그리고, 세로축 스케일 등의 파라미터가 적당한지를 확인한 후, 그래픽 디스플레이 말단에 보낸 것과 동일한 묘화 명령을 PC에 전송함으로써 PC로 그 묘화 명령을 레이저 프린터의 묘화 명령 (PostScript 언어[*1])으로 변환하여 레이저 프린터에 보내 묘사시켰다. 이후에 도시한 오감도도 모두 이 방법으로 작성한 것이다.

그림 8-4는 고분자 용액의 스피노달 분해를 시분활 측정한 예로, 폴리스틸렌/폴리부타디엔 혼합물의 DOP 용액(조성비 1:1, 폴리머 농도 4wt%)을 교반하여 균일상 상태에 이르게 하고, 교반 정지 후의 상

---

*1 PostScript는 어도비 시스템사의 상표이다.

분리 진행을 5초마다 연속 16 비디오 프레임(약 0.5초 간)의 입력상을 적산 평균화하여 상술한 방법으로 16의 시분활 기록함으로써 추적한 것이다. 그림은 왼쪽 위가 1상 상태이고, 왼쪽에서 오른쪽으로, 또 상단에서 하단으로의 순번으로 5초 간격의 광산란 상이 오감도로 도시되고 있다. 최초 스피노달 링이 나타나, 링의 위치(즉, 산란각)가 변화하지 않고 강도가 서서히 증가하고, 그 후에 강도가 더욱 증가함과 더불어 링이 작은 각 쪽으로 시프트하여 가는 스피노달 분해의 특징을 명확하게 알 수 있다.

그림 8-4 **고분자 용액의 스피노달 분해의 시분활 광산란 측정**

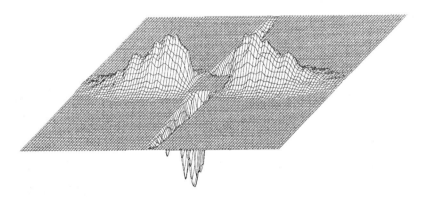

그림 8-5 **광산란상 차분 측정에 의한 유동 정지 후의 고분자 액정구조 변화의 관찰**

그림 8-5는 유동 광산란법에 의해서 일정 전단 속도의 유동에서 정지시킨 후의 고분자 액정 구조변화의 모습을 측정한 것이다. 유동 정지 후 2초의 산란상에서 정상 유동 때의 산란상을 공제하여 오감도로 표시하였다. 유동 때의 유동과 수직 방향으로 날카롭게 뻗어난 산란이 소멸하고 유동 방향으로 장축이 있는 타원상의 산란이 나타나는 것을 분명하게 알 수 있다.

8·4 맺는말

이제까지 레이저 광산란 측정법의 실상을 개관하였다. 이 분야도 일렉트로닉스 컴퓨터 기술의 발전에 힘입어 측정기술 향상이 두드러지며 금후의 발전이 더욱 기대된다. 예를 들면 최근에는 PC를 통한 간편한 영상 입력 보드를 쉽게 입수할 수 있으므로 비디오카메라를 사용하여 광산란상의 디지털화를 간단하게 할 수 있게 되었다. VTR의 고화질화로 영상의 열화가 많이 개선되었지만 시험단계에 있는 디지털 VTR이 사용 가능하게 된다면 열화문제는 자연스럽게 해소될 것이다. 다만 영상 처리는 매우 많은 계산량을 필요로 하므로 성능이 큰 컴퓨터가 요구되어 PC보다는 워크스테이션이 적합할 것으로 생각된다.

또 레이저 그 자체에 관해서는 다른 장에 해설이 있으므로 여기서는 언급하지 않았지만, 광산란에 있어서는 다른 파장의 레이저를 이용하면 다른 스케일로 구조를 관찰할 수 있다는 것을 지적해 두겠다. 그리고 레이저의 광강도 (출력)도 종류에 따라 다르므로 용도에 합당한 것을 선택해야 한다. 이제까지 광산란에는 주로 He-Ne 레이저, Ar 레이저 등의 가스 레이저가 사용되었다. 반도체 레이저는 적외에서 적색, 최근에는 더욱 단파장의 것까지 개발이 발전하였다. 앞으로 콤팩트하면서도 측정 범위가 넓은 광산란 장치가 기대된다.

참고문헌

1) Y. Uemura, M. Fujimura, T. Hashimoto, H. Kawai : *Polym. J.*, **10**, 341 (1978)

2) 橋本竹治, 河合弘迪 : 高分子実験学 17, 高分子の固体構造 Ⅱ, 高分子学会編, p. 49, 共立出版, (1984)

3) 田中京次, 西条賢次, 末広祥二, 橋本竹治, 河合弘迪 : 高分子学会予稿集, 30, 2094 (1981)

4) 松尾斗伍郎, 橋谷茂雄, 深沢知行 : 高分子学会予稿集, **32**, 2299 (1983)

5) 末広祥二, 杉本圭一 : 日経エレクトロニクス, **396**, 213 (1986)

6) R. J. Tabar, R. S. Stein, M. B. Long : *J. Polym. Sci., Polym. Phys. Ed.*, **20**, 2041 (1982)

7) 杉本圭一, 岡本 浩 : 映像情報インダストリアル, **16**, 41 (1984)

8) 末広祥二, 武部智明, 橋本竹治, 泉谷辰雄 : 高分子学会予稿集, **33**, 2739 (1984)

9) T. Hashimoto, T. Takebe, S. Suehiro : *Polymer J.*, **18**, 123 (1986)

광음향 분광법

광음향 분광법(Photoacoustic Spectroscopy : PAS)은 물질과 빛의 상호 작용이 빚어내는 다양한 현상 중에서 빛 에너지에서 열에너지의 완화과정에 주목한 분광법이다. 기본 원리는 약 1세기 정도 전에 전화를 발명한 벨에 의해서 발견된 광음향효과에 바탕하고 있다[1].

특히 양자물리학과 전자기술 등의 비약적인 발전을 배경으로 최근에는 광음향 효과가 재인식되어 PAS는 단순한 분광법으로서의 범주를 넘어 비파괴검사를 위한 하나의 기법으로서도 유용한 평가를 받고 있다[1,2].

이 장에서는 광음향법의 원리와 측정 장치계 및 특징에 관하여 간단히 소개하고 이어서 광음향법의 특징을 활용한 몇가지 응용 사례를 기술하겠다.

9·1 PAS의 특징[2]

일반적으로 PAS에서는 광흡수의 결과 발생하는 열이 시료에 열파(熱波)로 확산되고, 그 결과 발생하는 음파를 검출하므로 광학적 물성뿐만 아니라 열적·음파물성까지도 알 수 있다.

광원의 강도를 높임으로써 미약한 광흡수 물질까지도 높은 감도로 측정할 수 있으므로 광원 레이저를 사용하면 극미량 물질을 분석할 수 있는 초고감도 분광분석법이 된다. 또 투과광과 산란광의 영향을 잘 받지 않기 때문에 광산란 물질(분체, 비결정 고체, 겔, 콜로이드 등)

의 분란 측정에 유리하다. 또 시료 형태에 관한 제약이 적기 때문에 생체 시료, 고체·액체 계면 등의 측정에도 유리하다. 즉, 종래의 분광법으로 다루기 어려웠던 시료를 전처리 없이 극히 미량만(수 mg) 가지고도 그대로의 형태로 측정할 수 있다.

이미 기술한 바와 같이 PAS는 열측정법의 일종으로도 생각할 수 있으므로 물질의 열적인 특성에 관해서도 알 수 있다. 즉, PAS로는 시료 속의 열전달이 광음향 신호에 관여하기 때문에 측정할 수 있는 열량을 광원의 변조주파수를 변화시켜 제어함으로써 박막 시료와 층상 구조 물질의 두께 방향의 분광분석, 비파괴 평가가 가능하다.

PAS는 또 음파를 계측할 수 있으므로 물질의 기계적 및 탄성적인 물질을 계측할 수 있다. 예를 들면 물질 내부의 결함을 계측하는 것도 연구되고 있다. 종래의 계측법에 비하여 PAS의 유리점을 정리하면 다음과 같다.

① 광학적, 열적, 탄성적 성질의 측정이 가능하다.
② 시료의 형태를 가리지 않는다.
③ 깊이 방향의 측정이 가능하다.
④ 비파괴, 경우에 따라서는 비접촉 계측이 가능하다.

PAS의 특징을 살린 응용분야로는 다음과 같은 예상을 할 수 있다.

① 각종 형태의 시료에 대한 흡수 스펙트럼 측정, 스펙트럼 변화의 in-situ(있는 그대로) 분석
② 극미량 성분 분석
③ 양자 수율(收率), 열확산율 등의 물성 상수의 계측
④ 표면 및 표면 아래의 미소영역 분석

이 모든 기능에 관하여 기술할 수는 없으므로 더 관심 있는 독자들은 문헌을 참고하기 바란다[3].

9·2 PAS의 원리[2)]

기체 등이 봉입된 기밀의 작은 용기 속에 시료를 놓고 주기적으로 변조시킨 단색광을 조사한다. 이때 시료에 흡수된 빛의 에너지는 들뜬상태의 무방사 완화과정을 거쳐 그 대부분이 열이 된다. 이렇게 해서 주기적으로 발생하는 열을 열 발생에 수반하여 일어나는 온갖 현상을 통하여 계측하는 것이 PAS이다.

따라서 PAS의 측정법에는 뒤에서 간략하게 기술하는 바와 같이 다양한 방법이 알려져 있다. 그 중에서 대표적인 검출법은 시료 셀 안에 발생한 압력 변화를 고감도 마이크로폰으로 검출하는 것이다. 마이크로폰에서 오는 신호는 시료에 조사된 빛의 단속 주파수와 같은 주기를 가지며, 로크인 앰프 등으로 측정한다. 마이크로폰 대신에 수중 마이크로폰에 사용되는 압전소자를 사용할 수도 있다.

이렇게 검출된 광음향 신호의 세기는 시료에 흡수된 빛의 에너지량에 비례하므로 빛의 파장을 변화시켜 측정함으로써 흡수 스펙트럼과 같은 혹은 유사한 스펙트럼을 얻을 수 있다.

(1) PAS용 셀[2)]

대표적인 고체 시료용 PAS 셀을 그림 9-1에 보기로 들었다. 셀은 황동, 알루미늄, 스테인리스 등으로 만들 수 있다. 시료 지지대는 풀어낼 수 있으며 O링 등으로 기밀이 유지된다.

일반적으로 셀의 용적은 작은 것이 좋다. 광음파 신호강도는 용적에 역비례하기 때문이다. 필요한 시료량은 극히 약간으로도 가능하며 입사광이 쪼이는 면적 정도만 있으면 된다. 검출기인 마이크로 폰은 공기 진동이나 바닥 진동에 민감하므로 셀의 기밀성을 높이고, 또 셀 본체를 방진대 위에 놓으면 측정의 S/N 향상에 매우 유익하다.

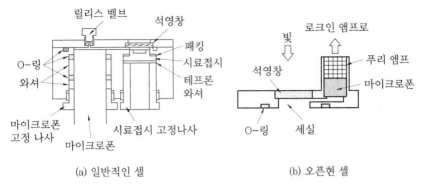

(a) 일반적인 셀   (b) 오픈현 셀

그림 9-1 **고체시료 측정용 PAS 셀(단면도)**

(2) PAS 장치[2]

그림 9-2는 대표적인 PAS 분광계의 장치 개략도이다. 고휘도 광원 (가시 자외역에서는 300~1kw Xe 램프) 혹은 레이저광을 춉퍼(chopper) 로 변로하여 시료에 조사한다. 변조된 빛과 동기한 참조 신호를 기준 으로, 검출기로부터의 신호를 로크인 앰프로 측정한다.

단광속형 장치에서는 보통 광음향 신호강도를 광원강도 스펙트럼 으로 측정함으로써 보정을 한다. 광원 강도의 파장 의존은 완전 흡수 체라 간주할 수 있는 카본 블랙의 광음향 신호를 측정함으로써 얻는 경우가 많다. 최근 광원의 안정성은 개선되었으므로 보통 이 방법으 로 충분하다.

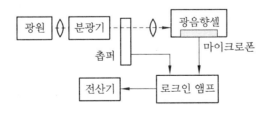

그림 9-2 **광음향 분광계의 장치 개략도**

9·3 PAS의 다양한 응용

(1) 생물 시료의 광음향 스펙트럼

생물 시료의 분광 측정에는 광음향 분광법이 매우 유용한 수단인
것으로 생각된다. 왜냐하면 생물 시료의 대부분은 현재 상태 그대로
는 다른 분광법으로 측정하기 매우 어려운 형상 및 상태로 존재하기
때문이다. 종래의 분광법으로 생물 시료를 측정하는 경우 어떠한 방
법으로든 시료에 전처리를 하는 것이 일반적이었다. 그러나 PAS에서
는 이미 기술한 바와 같이 있는 그대로의 상태로 흡수 스펙트럼에 관
한 정보를 얻을 수 있다. 한 가지 예를 들겠다. 그림 9-3은 잎의 광음
향 스펙트럼을 나타내고 있다.

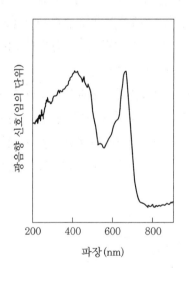

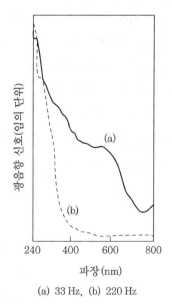

(a) 33 Hz, (b) 220 Hz

그림 9-3 잎의 광음향 스펙트럼   그림 9-4 **사과 껍질의 광음향 스펙트**
럼의 변조주파수의 의존성

잎 (葉)의 성분인 엽록체의 스펙트럼을 분명하게 나타내고 있다. 즉, 420 nm의 소레 밴드 (soret band), 450~550 nm의 카로티노이드 대 (carotenoil band) 및 600~700 nm의 엽록소 (chloro phyll)에 의한 흡수대이다. 이처럼 광음향 스펙트럼으로는 불과 수 mg의 생물 시료, 예를 들면 그림 9-3과 같은 잎이나 생물 시료가 본래 형태 그대로 측정된다.

(2) 깊이 방향의 분석

PAS로는 변조주파수를 변화시킴으로서 열확산 길이 (μ_s) 즉, 광음향 신호로 측정되는 열발생 영역이 변하므로, 이 μ_s를 변화시켜 측정함으로써 표면에서 깊이 방향으로 불균일한 시료 조성을 분석할 수 있다. 그림 9-4는 사과 껍질의 광음향 스펙트럼이다. (a)는 33Hz로, (b)는 220Hz의 변조주파수로 측정한 것이다. 높은 주파수의 경우에는 표피만의 스펙트럼 (b)로 되어 있으며 자외부에만 흡수를 갖는, 왁스상 물질의 광음향 스펙트럼이다.

변조 주파수가 낮아지면 보다 깊은 곳에서의 열도 측정 대상이 되기 때문에 광음향 스펙트럼은 그림 9-4(a)와 같이 변화하게 된다. 즉, 사과에 함유되어 있는 카로티노이드와 엽록소의 스펙트럼이 나타나게 된다. 이것은 변조 주파수를 변화시켜 μ_2를 바꿈으로서 표면과 내부의 광음향 스펙트럼을 분할하여 측정하고 있는 한 예이다.

광음향 신호는 강도와 위상의 함수이다[2]. 깊이 방향으로 불균일한 조성을 갖는 것에 대해서는 각 깊이 위치에서의 발열이 스펙트럼적으로 합성되어 광음향 신호에 기여한다. 이 때문에 근사적으로는 μ_s를 변화시키는 것만으로 깊이 방향 분석을 할 수 있지만 엄밀한 분석은 용이하지 않아 근사 해석법이 제안된 바 있으므로[6] 간단하게 기술하겠다.

광음향 신호는 강도와 위상의 두 정보를 가지며, 위상 신호는 깊이 방향의 정보를 포함하는 것으로 생각된다. 그래서 피측정 물질이 불균일한 농도 분석을 갖는 고분자 재료 등을 PAS를 이용하여 측정하는 경우 이론적으로는 광음향 신호강도 A, 위상신호 P를 이용하면 다음 식처럼 된다.

$$C\mu_s A \ \exp[j(P-\pi/4)] = \int_0^\infty \beta(x)\exp\left[-(1+j)x/\mu_s\right]dx$$

단, $j^2 = -1$ ···(9.1)

여기서 C는 상수, $\beta(x)$는 어떤 파장에서의 깊이 x에서의 흡광도이다. 식 (9.1)은 역 라플러스 변환의 식이므로 이 식을 역변환함으로써 $\beta(x)$를 구할 수 있다. 상세는 문헌을 참고하기 바라며 여기서는 응용 예를 하나 들겠다.

측정 시료로는 폴리염화비닐 (PVC) 필름 (두께 약 500μm, $\alpha : 1.2 \times 10^{-2}\,\mathrm{mm}^2\,\mathrm{S}^{-1}$)에 Al(Ⅲ)의 2-2′-디히드록시 아조벤젠 (DHAB 또는 $\mathrm{H_2L}$) 착체와 크리스탈 바이올렛 (crystal violet)의 이온쌍 ($\mathrm{CV[AlL_2]}$)을 흡착시킨 것을 사용했다. Al흡착 PVC 필름의 광음향 스펙트럼에는 570 nm에 CV, 440 nm에 DHAB, 340 nm에 PVC의 흡수 피크를 볼 수 있다. 280 nm 이하의 흡수는 가소제에 의한 것이라 믿어진다. 흡광도의 깊이 분포를 상술한 방법으로 근사 계산한 결과가 그림 9-5이다.

이 법은 기본적으로는 흡광법, 형광법에도 적용할 수 있지만 레이저와 같은 고휘도 광원을 사용하여 노이즈가 적은 양호한 스펙트럼을 얻는 것이 역연산 정확도 향상에 불가결하다는 것을 부가한다.

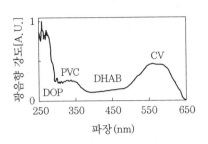

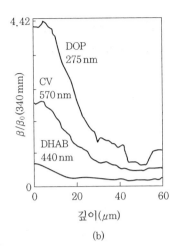

DOP : 디옥틸브타레이트 등의 가소제
PVC : 폴리염화비닐
DHAB 또는 H_2L : 2-2'- 다히드록시 아조벤젠
CV : 크리스탈 바이올레트

그림 9-5 (a) Al(Ⅲ) 착체 이온쌍($CV[AlL_2]$) 흡착 PVC 필름의 광음향 스
펙트럼, (b) 각 화학종 농도분포(PVC 자신의 백그라운드 신호 β_b로
규격화)

(3) 광열 분광법

광음향 분광법은 물질에 흡수된 일부 에너지가 열 에너지로 변환되
고, 다시 음향파로 변환된 소리의 에너지를 계측하여 광스펙트럼을
계측하는 방법이라는 것은 이미 기술한바 있다.
그러나 소리를 측정하지 않고 열 변화를 측정하여도 마찬가지 정보
를 얻을 수 있을 것이다. 여기서는 시료 표면이나 물질 주변의 매체
(대부분의 경우 기체 혹은 액체)에 물질 내부로부터 확산되어 온 열에
의해 생성된 온도분포 변화로 인한 굴절률의 변화를 헬륨·네온레이
저와 같은 지향성이 강한 프로브광을 이용하여, 프로브광의 굴절률
변화에 바탕한 빔 편향의 크기를 측정하여 광음향 스펙트럼과 마찬가
지의 스펙트럼을 취하는 방법에 관하여 기술하겠다.[7, 8]
그림 9-6은 그 원리도이다[9]. 이것은 볼 형상의 시료 표면에 접한
공기 등에 광흡수 결과 생기는 온도분포 변화로 인한 프로브광의 빛

의 굴절을 특수한 광검출기 (위치 민감 검출기)로 측정하는 것이다. 빛의 굴절도의 크기는 물질에 따른 광흡수의 용이성을 반영하게 되므로 광음향 스펙트럼과 마찬가지의 스펙트럼을 얻게 된다. 이것을 광열 스펙트럼이라 한다.

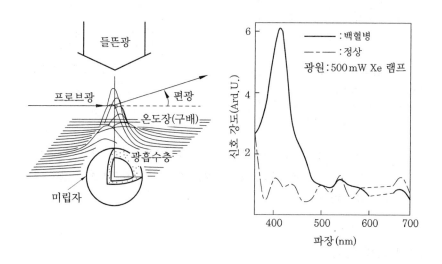

그림 9-6 **단일 미립자의 광열 편향 효과**   그림 9-7 **단일 백혈구의 광열 편향 스펙트럼**

그림 9-7은 백혈병 환자의 백혈구 1개를 사용하여 그 이상 (異常) 스펙트럼을 정상인의 백혈구 스펙트럼과 비교하여 측정한 것이다[8]. 광열 스펙트럼은 광음향 분석법처럼 시료를 셀 속에 넣을 필요가 없으므로 생물 시료에 유효하다. 또 혈구와 같은 미소 시료의 경우 보다 고감도가 된다고 알려져 있다. [9]

(4) 광음향 현미경

국소분석은 PAS의 가장 중요한 응용분야 중의 하나이다. 최근 활발하게 연구되고 있는 광음향 현미경 (Photoacoustic microscope : PAM)과

열파 현미경(Thermal wave microscope : TWM)이 바로 그것이다. 이 현미경들은 물질 표면의 정보뿐만 아니라 물질 내부의 불균일성으로 인한 정보, 예를 들면 손상, 박리, 도판트(dopant) 농도 분포에 등에 관한 정보까지 제공한다. PAM은 들뜸원으로 레이저광을 사용하기 때문에 진공, 비진공을 불문하고 시료를 비파괴적으로 다룰 수 있는 마이크로 아날라이저(analyzer)가 된다. 일반적으로 들뜬 광빔 외에 전자빔, 이온빔을 사용하여 시료 표면을 2차원적으로 주사시켜줌으로써 PAM과 마찬가지로 측정을 할 수 있다. 그림 9-8은 PAM 장치의 개략도이다[10].

Von Gutfeld[11]는 펄스 레이저를 사용하여 물질 내부의 결함을 최초로 측정하였지만 그것은 광음향 효과에 의하기보다는 발생한 초음파를 이용하는 초음파 현미경에 가까운 것이었다. 1978년 Wong[12] 등이 처음으로 마이크로폰을 결합한 PAS 셀을 사용하여 물질 표면 및 내부의 상처와 결함의 음향효과를 포착했다. 그리고 최근에는 압전소자 등을 시료에 압착시키는 방법과 다른 다양한 검출법에 의한 PAM이 시도되고 있으며, 그 중 몇 가지는 장치가 실용되고 있다.

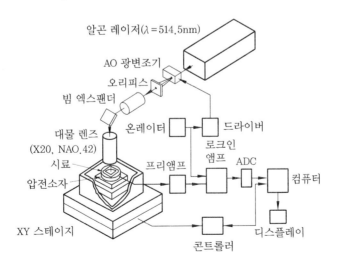

그림 9-8 **광음향 현미경의 개략도**

여기서 PAM 장치를 사용한 한 가지 응용 예를 들겠다. 시료 내부
에 발생하는 응력분포 측정은 공업적으로 매우 중요하며, X선 회전
법, 초음파법, 현미라만법 등이 알려져 있다. 그러나 적용할 수 있는
시료에 제한이 있으므로 특히 금속재료 등에 대해서는 지금까지 적당
한 측정법이 제안된 것이 없었다. PAM의 경우는 만약 재료 내부에
응력분포가 존재하면 PA신호가 변화하는 것으로 믿어진다. 만약 그
렇다면 PAM에서는 레이저광 등을 사용하여 시료 표면에 직접 탄성
파를 발생시키므로 시료의 제한도 덜 받는 새로운 응력분포 측정법이
될 수 있다[13]. 응력 존재 아래 유기광에 의해 생기는 온도 변화를 따
라 발생하는 탄성파의 진폭에 관하여 이론적인 고찰이 있다. 고체의
역학계는 질량, 운동량, 에너지의 3가지 보존칙과 구성 방정식 (온도
장과 응력장의 관계식)에 의해서 표시되므로 1차원 방향에만 응력이
있는 준정적 장애 대해서는 근사적으로 다음 식

$$\frac{A}{A_0} = \frac{1}{1 - \eta S} \quad\cdots\cdots\cdots\cdots\cdots\cdots\cdots\cdots\cdots\cdots\cdots\cdots\cdots\cdots\cdots (9.2)$$

단, $\eta = \frac{1}{\alpha E^2} \frac{\partial E}{\partial T}$ (α : 선열 팽창률, E : 영률, T : 온도)

으로 된다[13]. 여기서 A_0는 응력이 없을 때의 PA 신호강도이고 A는
응력 S가 있을 때의 PA 신호강도를 표시한다. 식 (9.2)에 의해서 정
적 응력 (진류 응력 등)에 의해서 PA 신호강도가 변화하는 것을 알 수
있다. 그림 9-9는 Al 금속 표면에 생긴 압흔 주위에 형성된 잔류 응
력 분포를 PAM으로 측정한 것으로, 광학적 차이가 없는 (표면의 요철
이 없는) 부분에도 PA 신호강도에 약한 영역 (잔류 응력이 큰 영역)을
확인할 수 있다. 잔류 응력값은 식 (9.2)에 의해서 구할 수 있으며,
다른 방법과도 잘 일치하였다[13].

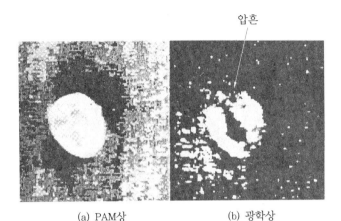

압흔

(a) PAM상   (b) 광학상

그림 9-9 알루미늄 금속 표면에 생긴 압흔 주위에 형성된 잔류 응력 분포

(5) 레이저 유기 초음파에 의한 표면파 생성과 음파물성 계측

펄스레이저의 광간섭을 이용하여 강한 간섭 줄무늬를 만들고, 그 줄무늬에 의한 PAS를 생각하자. 시료 표면에는 간섭 줄무늬의 광강도에 비례한 국소적으로 코히어렌트한 초음파와 열이 발생한다. 여기서 따로 마련한 프로브 단색광을 사용하고 그로부터 회절광을 계측함으로써 액체 시료, 연소 기체, 고체 표면에서의 국소적인 열확산율, 탄성상수를 비접촉적으로 측정하는 기법이 개발 가능하다. 이 원리를 이용하여 GHz 이상의 고주파 초음파를 사용한 비접촉 초음파 스펙트로스코피가 가능하게 된다.

원리를 간단하게 기술하면, 동일 주파수의 레이저 광속(공기중의 파장 : λ_e)을 그림 9-10에 도시한 바와 같이 2θ의 각도(공기 중)로 교차시킨다. 이때 형성되는 3차원적인 간섭 패턴은 두 레이저 광속을 포함하는 평면 안에서 관측하면 다음 식으로 표시되는 간격 A를 갖는 간섭 줄무늬가 된다.

$$2\varLambda \sin\theta = \lambda_e$$

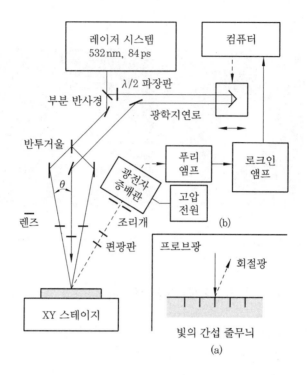

그림 9-10 레이저의 유기초음파 측정장치와 원리도

시료의 광흡수는 빛의 간섭 패턴과 같은 형으로 일어나므로 시료
속에 광흡수량의 공간적 분포가 생긴다.

흡수된 에너지는 그 대부분이 광열 완화에 의해서 열로 변하고, 열
팽창에 의해서 밀도 변화를 발생시킨다. 이 밀도 변화는 초음파 정재
파가 된다.

상술한 레이저 유기 회절격자 (LIG)와 초음파 검출에는 그림
9-10(a)에 보인 바와 같이 유기 레이저광이 교차하고 있는 영역에 프
로브광을 입사시켜 유기 회절격자에 의한 브래그 회절광을 검출하면
된다. 그림 9-10(b)는 측정장치의 개략도이다.

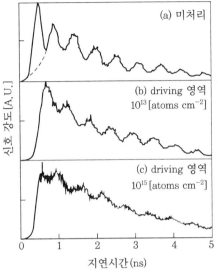

시료 : Ar이온 드라이빙 Si(100)면
에너지 : 300[keV]

그림 9-11 **회절광 강도의 과도응답 파형**

그림 9-11(a)는 실리콘 웨이퍼(약 50Å의 산화 피막(SiO₂)에 씌워져 있다) 위에 상술한 방법으로 표면파를 생성시켰을 때의 결과이다. 그 표면파의 진행방향은 교차 들뜸 레이저광의 입사방향을 제어함으로써 변화시킬 수 있으므로 표면파의 음속방향 의존성을 측정할 수 있다. 예를 들면 실리콘 웨이퍼(011)면 위에서(100) 방향으로 전파하는 표면파의 음속은 4.14 km/s, 같은 면 위를(110) 방향으로 전파하는 음속은 4.30 km/s로 되어 결정축의 차이에 따른 음속의 차를 엿볼 수 있다.

또 그림 9-11(a), (b)에 보인 바와 같이 아르곤(Ar)을 도브(면 밀도 10^{13}/cm²) 한 실리콘 웨이퍼와 도브되지 않은 영역 간의 음속 차이를 측정한 결과 도브 영역에서는 결정성의 파괴 크기에 수반하여 음속이 작아지는 것을 알 수 있고, 파괴 정도도 평가가 가능하다. 특히, 그림 9-11(c)는 Ar을 10^{15}/cm² 도브하였을 때의 표면파 파형을 도시한 것이다. 표면의 Ar에 의한 파괴에 따라 음속의 변화는 물론 과도적으로 생성한 초음속의 감쇄 양상을 분명하게 볼 수 있다.

이처럼 표면파를 측정함으로써 각종 박막의 두께와 광학적, 열정, 탄성적 성질을 비접촉으로 측정하는 것이 기대된다. 또 표면 밑의 결함 평가도 가능할 것으로 사료되며, 앞으로의 발전이 크게 기대된다(사와나 스쿠로 / 교토대학 공학부).

외아석 　레이저에 의한 송전 계획

화석연료의 과도한 사용이 지구 온난화의 주된 요인이라는 것은 우리 모두 주시하는 사실이다. 탈 화석연료를 위한 대체 에너지의 하나로 연구되고 있는 것이 레이저 기술을 이용한 태양광 직접 발전 시스템이다. 이 시스템은 대기권 밖으로 쏘아올린 인공위성에 의해서 태양광을 집광하고 그것을 강력한 레이저광으로 지상에 송전하는 방식이다.

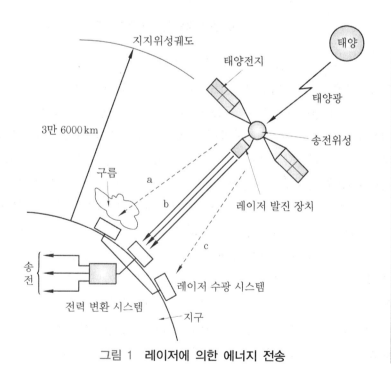

그림 1　레이저에 의한 에너지 전송

이 경우 인공위성은 대기권 밖의 정지궤도 (36.000 km 상공)에 쏘아 올려져 지상의 설정된 지점에 레이저 광 송전을 하게 된다.

이 책에서도 누차 설명한 바와 같이 레이저광은 집광성이 매우 좋고 확산성이 적기 때문에 안정된 송전계로 이용할 수 있다.

그림 1은 레이저에 의한 에너지 전송계획의 개요도이다. 이 그림을 통해서도 알 수 있듯이, 아무리 만능의 레이저라 할 지라도 지상의 날씨나 공기 오염에 따라서는 파워가 상당히 감쇄되어 수전시스템 (레이저 수광장치)의 효율이 떨어질 수 있다.

이 때문에 지상의 여러 곳에 수전시스템을 배치하여 지표의 상태에 따라 가장 전송효율이 좋은 송전경로를 자동적으로 선택하는 방법이 모색되고 있다.

그림 2는 송전위성의 구조를 보인 것이다. 이 시스템에서는 태양광을 태양전지를 통해 일단 전력 에너지로 변환하고 그 후에 고출력 레이저 장치를 작동시키는 방법과 태양광을 들뜬 에너지로 하여 직접 고출력 레이저광을 발사하는 두 가지 방법이 있다.

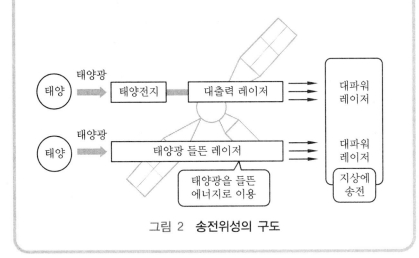

그림 2 **송전위성의 구도**

참고문헌

1) A. G. Bell : *Am. J. Sci.*, **20**, 305 (1880)

2) 澤田嗣郎編, "光音響とその応用-PAS," 学会出版センター (1982), and A. Rosencwaig : Photoacoustics and Photothermal Spectroscopy, John Wiley & Sons, N. Y. (1980)

3) A. Rosencwaig, "Advances in Electronics and Electron Physics", 46, ed by Academic Press, New York (1978)

4) A. Rosencwaig and S. S. Hall : *Anal. Chem.*, **47**, 584 (1977)

5) M. A. Afromowitz, P. Yeh, and S. Yee : *J. Appl. Phys.*, **48**, 209 (1977)

6) A. Harata and T. Sawada, *J. Appl. Phys.*, 65, 959 (1989)

7) M. A. Olstead, N. M. Amer, S. Kohn, D. Fournier and A. C. Boccara : *Appl. Phys.*, A **32**, 141 (1983)

8) L. C. Aamodt and J. C. Murphy : *J. Appl. Phys.*, **54**, 581 (1983)

9) J. Wu, T. Kitamori and T. Sawada : *J. Appl. Phys.*, **69**, 7015 (1991)

10) T. Nakata, Y. Kembo, T. Kitamori, and T. Sawada : *Jpn. J. Appl. Phys.*, **31**, sup 131-1. 146 (1992)

11) R. J. Von Gutfeld and R. L. Melcher : *Appl. Phys. Lett.*, **34**, (1997) 617.

12) Y. H. Wong, R. L. Thomas, and G. F. Hawkins : *Appl. Phys. Lett.*, **35**, (1978) 538.

13) M. Kasai and T. Sawada : *Opt. Sci.*, **62**, (1990) 33.

14) A. Harata, H. Nisimura, and T. Sawada : *Appl. Phys. Lett.*, **57**, (1990) 132.

고분자 표면 · 계면층의 동적 특성 해석

10·1 머리말

유기 · 고분자 재료의 물성은 이제까지 그 분자 구조, 분자 집합구조, 형태 등을 기본으로 많이 논의되었다. 그러나 근년 들뜬 분자와 반응 중간체 등의 과도종 스펙트럼을 시시 각각 얻을 수 있는 시간 분해 분광법이 발전함에 따라 어떤 종의 물성측정에 관해서는 이제까지의 시간적으로 평균화된 것에서부터 시시 각각으로 변화하는 과정을 직접 파악할 수 있는 동적인 측정으로 관심이 쏠리고 있다.

유기 · 고분자 재료의 표면 · 계면층은 벌크 (bulk)와는 다른 구조 · 성질을 가지므로 그에 대한 식견은 성능 · 성질을 주로 표면에 의존하는 기능성 막 등에서는 특히 중요성을 띄고 있다. 이와 같은 표면 · 계면 혹은 그 근방에 관해서는 형태 관찰도 포함하여 많은 캐릭터리제이션 방법이 있다[1]. 하전 입자를 사용하는 방법과 각종 전자분광법이 많이 이용되지만 측정 때 진공을 필요로 하고 또 시료 자체가 손상되는 경우도 많다.

한편, 빛을 이용한 측정은 비파괴 측정이 가능하며 흡수에 의해서 감광된 전반사광을 측정하는 ATR (attenuated total reflection, 전반사 흡수) IR법, 마찬가지로 빛의 전반사 현상을 이용한 전반사 과만 분광법이 많이 사용되기도 한다. 그러나 이와 같은 기법에 의해서는 나노(10^{-9})초, 피코(10^{-12})초 시간역에서의 표면·계면층의 동적 변화를 추적하기는 어렵다.

이와 같은 관점에서 보면 각종 측정법 중에서 높은 시간 분해능을 가진 형광법과 흡수법이 관심을 끈다. 형광측정은 그 자체가 절대감도가 높고 비접촉·비파괴 측정이 가능하다. 형광은 전자 상태 간의 천이에 바탕하는 것으로, 분자간 상호작용을 통하여 형광성 분자 자신의 주위 정보, 분자 자신의 회합상태에 관한 지식을 획득할 수 있다. 또 들뜬 에너지 이동이 관여한다면 미소 성분의 검출도 가능하다.

흡수 측정은 감도가 형광측정 만큼은 좋지 않지만 주성분을 검출할 수 있고 비발광성 물질에도 적용할 수 있으므로 형광측정과 상보적인 것이라 할 수 있다.

이 장에서는 유기·고분자 재료의 표면·계면층에 관한 연구도 근자에 이르러서는 정적(靜的) 신견에 부가하여 동적인 전자론·분자론적인 지견도 필요하게 되었으므로 레이저광의 특성을 살린 표면·계면 근방을 선택적으로 들뜸 혹은 모니터하여 시간분해 형광 또는 흡수측정을 함으로써 얻는 동적 지견에 대하여 그 방법과 모델 시험까지 포함하여 그 예를 기술하겠다. 또 표면·계면층은 아니지만 빛의 전반사 현상을 이용한 유기 박막과 고분자 박막에 관하여 최근 가능하게 된 다중 반사형 시간분해 과도흡수측정법에 관해서도 기술하겠다.

10·2 시간분해 전반사 형광분광법의 원리, 방법 그리고 특징

(1) 원리, 방법, 특징

빛의 전반사 현상을 이용한 표면·계면층에 관한 분광법으로는 ATRIR, ATR, UV-VIS, 전반사 라만분광, 전반사 형광분광이 있지만[1] 현재로서는 나노초, 피코초의 타임 스케줄로 실시간 측정을 할 수 있는 것은 형광법과 ATR UV-VIS법 이다[2-4].

전반사 형광분광법의 광학계 예를 그림 10-1(a)에 보기로 들었다.

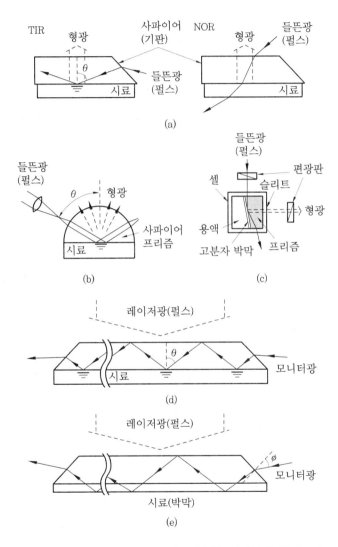

그림 10-1 **빛의 전반사 현상을 이용한 시간분해 형광 또는 흡수측정의 광학계 예**[2,4,5,7,8]

일반적으로 굴절률이 큰 물질 (굴절률 n_1)에서 작은 물질 (n_2)로 빛이 입사할 때 입사각 θ가 임계각 $\theta_c [= \sin^{-1}(n_2/n_1)]$보다 큰 경우 빛은 전반사한다 (예를 들면, 고굴절률 기판으로는 사파이어 ($n_1 = 1.81$, 파장 310 nm)를, 시료 필름으로는 폴리메타크릴산 메틸 (PMMA)($n_2 = 1.53$) 또는 폴리스티렌 ($nN_2 = 1.68$)을 사용하였을 때 θ_c는 각 계 (系)에서 57.7˚, 68.2˚정도가 된다). 그 때 빛은 이바네센트 (evanescent) 파로 굴절률이 작은 물질 쪽에 깊이 스며들어 있으며 계면에서 z만큼 떨어진 위치에서의 광강도 I는 다음 식으로 표시된다[*].

$$I = I_0 \exp(-2rz)$$

$$\gamma = \left(\frac{2\pi n_1}{\lambda}\right)\left[\sin^2\theta - \left(\frac{n_2}{n_1}\right)^2\right]^{1/2}$$

여기서 I_0는 계면에서의 광강도, λ는 빛의 파장이다. 빛이 스며드는 깊이는 대략 파장의 오더이고 ATR IR법의 적외광에 비하여 파장이 짧은 몫만큼 깊이 방향의 분해능이 높다 할 수 있다. 이 이비네센트파에 의해 들뜸된 계면 근방의 분자 형광을 관측하게 된다[6]. 고굴절률 기판과 시료를 결정하면 n_1, n_2가 결정되고 파장 λ도 들뜬광의 파장을 선택하여 결정한다. 들뜬광으로 펄스광원을 사용하면 시간분해 전반사 형광 분광법이 된다.

시료는 보통 고니오미터에 세트하여 각도를 조절할 수 있도록 한다. 여기서 입사각 θ를 바꾸어, 즉 들뜸하는 깊이를 바꾸어 형광 스펙트럼과 형광 생성·감쇄 곡선을 측정하게 된다. 또 통상적인 조건 (그림 10-1(a) normal, NOR) 아래서의 측정 결과와 합쳐 검토함으로

---

[*] 이 식은 굴절률이 낮은 시료 물질이 이바네센트파를 흡수하지 않는 경우에 성립된다. 따라서 시료의 흡광계수가 작을 때는 문제가 없지만 그것이 클 때는 그 사실을 고려할 필요가 있다. 최근 문헌 5에는 이것을 다루어, 시료 중의 첨가물의 농도깊이, 프로파일에 관해서도 논의되고 있다.

써 계면근방과 벌크간 형광의 동적 거동 차이에 대하여 비교 검토할 수 있다. 원리적으로는 상술한 바와 같으며 각종 형태의 프리즘을 이용할 수 있다.

예를 들면, 그림 10-1(b)와 같은 어묵형 고굴절률 기판을 사용하면 그림 10-1(a)의 것에 비하여 시간 분해능의 향상이 가능하며, 또 관측측의 각도를 변화시켜 각도가변 시간분해 전반사 형광을 측정할 수 있어 보다 정량적인 결과를 얻을 수 있다[5].

또 그림 10-1(c)와 같은 광학계를 사용하면 용액/고분자 계면에서 용액 속으로 침투한 이바네센트파에 의해 고분자 표면에 흡착한 형광성 분자의 동적 지식을 얻을 수 있다[7].

광원으로 펄스레이저를 사용하면 높은 지향성과 단색성에 의해 들뜸할 수 있는 깊이를 정확하게 결정할 수 있다. 또 실제상의 시간분해능, 파장분해능 등은 들뜨는 데 사용하는 광원, 측정에 사용하는 시스템에 의존하지만 피코초 펄스레이저, 고속 응답의 광검출기, 시간상관 단일 광자계수 시스템을 사용하면 10피코초 오더의 시간분해능이 기대된다[2,3,5]. 구체적인 시간분해 형광측정법에 관해서는 6장에서 기술한 바 있으므로 생략하겠다.

(2) 모델 실험[2,3]

먼저 시간분해 전반사 형광분해법의 유용성이 제시된 모델실험의 일부를 소개하겠다. 그림 10-1(a)의 광학계에서 고굴절률 기판으로는 사파이어가, 시료의 모델 2층막으로는 형광성 분자를 첨가한 폴리스티렌 필름이 사용되었다. 사파이어 표면에 p-비스[2-(5-페닐옥사소릴)] 벤젠 (POPOP)을 포함한 박막 ($t = 0.01$ μm)(S층)이 작성되고, 그 위에 벌크(B)층으로 N-에틸 카르바졸(ethyl carbazole)(ECz)이 첨가된 살두께 ($t = \sim$ 수10 μm) 필름이 밀착되었다. 들뜬 파장은 315 nm이고 임계각 (θ_c)은 68.2°이다.

그림 10-2는 들뜬광의 입사각 $\theta = 69.6°$와 71.9°인 경우의 시간분해 형광 스펙트럼을 표시한 것이다. 들뜬광이 임계각 θ_c보다 작은 각도 혹은 보통 들뜬조건(그림 10-1(a), NOR)으로 입사할 때 그 빛은 S층과 B층 내의 양쪽 분자를 들뜨게 하므로 관측되는 형광은 압도적으로 살두께 B층의 ECz 형광으로 되어 POPOP의 형광은 검출되지 않는다.

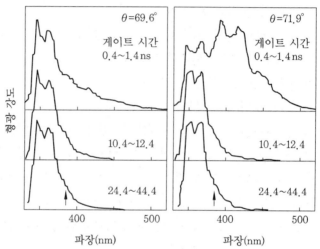

S층 : 막두께 0.01 μm, POPOP 농도 1×10^{-2}몰/스티렌 단위 몰
B층 : N 에틸 카르바졸 농도 1.3×10^{-2}몰/스티렌 단위 몰
그림에서 화살표는 그림 10-3에서의 관측 파장을 표시
게이트 시간은 펄스광으로 들뜸한 시간을 0으로 잡고 형광을 관측하고 있는 시간의 폭을 표시

그림 10-2 **그림 10-1(a)의 광학계를 이용하여 측정한**
폴리스티렌 2층막의 시간분해 형광 스펙트럼[3]

입사각 θ를 θ_c보다 크게 하면 계면에서 들뜬 광의 전반사 현상을 볼 수 있지만 θ_c보다 약간 큰 정도($\theta = 69.6° = \theta_c + 1.4°$)에서는 안쪽의 B층까지 들뜬 광이 스며든다. 이 때문에 들뜬 후 0.4~1.4 ns의 스펙트럼에서는 400 nm보다 장파장역에 S층의 POPOP 형광이 근소하게 관측

되지만 주성분은 350 nm 부근의 진동구조를 갖는 B층의 ECz 형광으로 되어 있다. 뒤진 시간역에서는 형광수명이 짧은 ($\tau_s = 1.2\,\text{ns}$) POPOP의 형광은 감쇄되어 장수명 ($\tau_B = 13\,\text{ns}$)의 ECz 형광만이 관측된다.

입사각 θ가 71.9° ($= \theta_c + 3.7°$)가 되면 보다 계면근방만을 들뜨게 하고 들뜬 직후 0.4~1.4 ns의 스펙트럼은 S층의 POPOP 형광이 주성분이 된다. 늦은 시간역에서는 POPOP 형광은 단수명이기 때문에 ECz 형광만의 스펙트럼이 된다.

이처럼 전반사 형광 스펙트럼을 시간분해 측정함으로써 계면근방 0.01 μm 오더 깊이역을 강조하여 관측할 수 있음을 알 수 있다.

정량적인 해석을 위해 형광의 감쇄곡선이 들뜬광의 입사각도 θ를 변화시켜 측정한 것이 그림 10-3이다. 이 모델 2층막의 형광 감쇄곡선은 2성분 지수함수의 합

$$F(t) = F_S \cdot \exp\left(-\frac{t}{\tau_S}\right) + F_B \cdot \exp\left(-\frac{t}{\tau_B}\right)$$

로 해석할 수 있다. 계수 F_S, F_B는 들뜸되는 층의 두께, 첨가된 형광성 분자의 농도, 그 분자의 형광 수량(收量), 관측파장의 함수로 되어 복잡하지만 그것들의 비율 F_B / F_S는 들뜬 직후의 상대적인 형광 강도에 비례하며 양쪽 층 형광분자수의 비율과 관련된다. $\theta = \theta_c + 0.27°$에서는 B층의 장수명 ECz의 형광 기여가 대부분이지만 θ가 증가함에 따라 기여가 감소하고 S층의 단수명 POPOP 형광의 기여가 증가한다.

입사각도 θ에 대한 비율 F_B / F_S의 의존성이 S층의 두께, 형광성 분자의 농도, 즉 형광도를 변화시킨 각종 2층막에 대하여 상세하게 검토되었다. 그 결과 실험조건을 효과적으로 선택함으로써 필름 표면의 0.01 μm 오더 깊이 만의 식견도 취득할 수 있고, 10.1 μm 오더의 들뜸은 θ를 θ_c보다 3° 정도 크게 하면 용이하다는 것 등이 제시되었다[3].

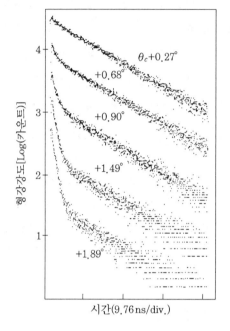

형광강도[Log(카운트)]

$\theta_c + 0.27°$
$+0.68°$
$+0.90°$
$+1.49°$
$+1.89°$

S층 : 막두께 0.09 μm, POPOP 농도 1몰/스티렌 단위
B층 : N-에틸카르바졸
농도 1.4×10^{-2}몰/스티렌 단위몰

시간(9.76 ns/div.)

그림 10-3　그림 10-1(a)의 광학계를 사용하여 측정한 폴리스티렌 2층막의 형광 감쇄곡선의 입사각 θ의존성[3](관측파장 : 385 nm)

(3) 응용의 예

이 분광법을 고분자 필름에 적용하여 얻은 식견에 관하여 몇 가지 예를 기술하겠다. 저분자 화합물을 고분자 필름에 첨가한 계(系)는 실용적으로는 광전도성 필름, 포토 레지스트 등 많은 분야와 기초적인 연구면에서도 광들뜬 에너지 이동, 전자와 홀의 이동 연구 등에 많이 이용되고 있다[9~12]. 이 분야에서 첨가물 분자는 필름 안에 균일하게 분산되어 있는 것으로 다루어지는 사례가 많다. 그러나 이 분광법을 적용한 결과 그와 같은 계에서도 첨가물 분자의 회합 상태와 그 분자주위의 마이크로 극성이 표면·계면에서 벌크를 향하여 깊이 방향으로 상이한 것도 있는 것을 알게 되었다.

① 필렌을 첨가한 PMMA 필름[13)

필렌분자의 형광 수명은 다른 방향족 분자에 비하여 길고 (시크로 핵산 용액 속에서 450 ns) 또 필렌은 그 농후 용액 속에서 들뜬 상태에 서만 생성하는 이량체, 엑시머 (excited dimer = excimer, 들뜬 이량체) 를 형성하는 전형적인 분자이다. 또 농후 강체 (剛体), 매트릭스 안에 서 그 이량체 (다이머)와 회합체를 형성하는 것으로 알려졌다[13~16)].

또 필렌은 존재하는 환경에 따라 형광 스펙트럼이 변화하기 때문에 형광브로브로도 알려져 있다. 즉, 그 모노머 형광의 진동구조 제3 피 크에 대한 제1피크의 강도비는 필렌 분자가 존재하는 환경의 극성에 따라 변화하므로 미셀 내부나 흡착제 흡착 사이트 등의 극성 판정에 많이 이용되고 있다[17)].

사파이어 위에 필렌을 첨가한 PMMA 필름에 대하여 전반사 (TIR) 및 보통 (NOR) 조건 아래서의 들뜸으로 얻어진 형광 스펙트럼 (모노머 형광의 제3진동밴드로 규격화)에는 두 가지 차이를 볼 수 있다 (그림 10-4).

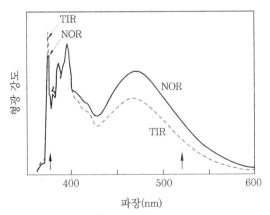

필렌 농도 : 5.55×10^{-2}몰/PMMA 단위 몰
그림의 화살표는 그림 10.5에서의 관측파장을 표시

그림 10-4 **그림 10-1(a), (b)의 광학계를 써서 측정한 필렌을 첨가한 PMMA 필름의 NOR 및 TIR 조건 아래서의 형광 스펙트럼[13)]**

하나는 모노머 형광 진동구조의 제3피크에 대한 제1피크의 강도비
가 NOR 조건 아래서 보다 TIR 조건 아래서 큰 점이다. 두 번째는 모
노머 형광에 비하여 장파장 쪽의 브로드한 엑시머 형광이 NOR 조건
아래서 I/R 조건 아래에 비하여 강하게 관측되는 점이다. 전자의 차
는 재흡수에 의한 것은 아님이 확인되었다. 이 강도비는 전술한 바와
같이 극성에 대한 형광브로브로 알려졌으며 그 비가 클수록 필렌분자
는 극성이 높은 환경아래 있다고 간주하고 있다[17]. 따라서 사파이어
/PMMA 계면 근방의 필렌분자는 벌크로 존재하는 필렌분자에 비하여
어느 정도 극성이 높은 환경 아래 있는 것으로 믿어진다.

후자의 차는 엑시머 형광이 관측되는 농도역 전반에 걸쳐 볼 수 있
다. 이에 대해서는 형광의 감쇄곡선을 측정한 결과(그림 10-5)가 중
요한 의미를 갖는다.

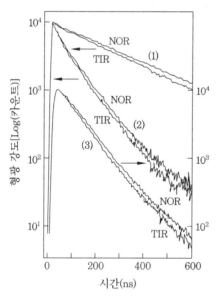

(1) 관측 파장 : 374 nm
(모노머 형광)
필렌 농도 : 2.48×10^{-2}몰
/MMA 단위 몰
(2) 관측 파장 : 374 nm
(모노머 형광)
필렌 농도 : 5.58×10^{-3}몰
/MMA 단위 몰
(3) 관측 파장 : 520 nm
(엑시머 형광)
필렌 농도 : 4.90×10^{-2}몰
/MMA 단위 몰

그림 10-5　그림 5-1 (a), (b)의 광학계를 사용하여 측정한 필렌을 첨가한
PMMA 필름의 NOR 및 TIR 조건하의 감쇄곡선[13]

모노머, 엑시머 두 형광의 감쇄는 NOR 조건 아래에서 보다 계면근방을 관측하고 있는 TIR 조건 아래에서 더 **빠르다**. 형광 스펙트럼의 결과와 합쳐 사파이어 / 폴리머 계면근방에서는 벌크에 비하여 엑시머 생성의 전구체가 되는 다이머 농도가 낮고, 형광의 소광 원인이 되는 따위의 비형광성 필렌회합체 농도는 높은 것으로 설명되었다.

필름의 공기측 표면에 대해서도 관측되어, 필름/사파이어 계면 근방과 마찬가지로 필렌분자의 회합상태는 벌크와 다른 사실이 제시되고 있다. 이와 같은 측정에서는 NOR 조건 아래에서 관측되는 형광은 TIR 조건하의 것도 포함하고 있다. NOR 조건 아래에서는 들뜬 빛은 **람벨트 벨의 법칙** (Lambert Beer law)에 따라 계면에서 벌크를 향하여 필름 안에서 감쇄한다. 실험된 최대 농도의 시료에서는 그 흡광도보다 들뜬 광이 계면에서의 광강도의 $1/e$가 되는 깊이는 $0.48\,\mu m$로 계산된다. 따라서 계면에서 $0.48\,\mu m$ 이내의 깊이 역에서 필렌분자의 회합 상태가 다르다고 할 수 있다. 하지만 그 차이가 계면에서 내부로 서서히 발생하는지 혹은 계면 근방의 계면에 매우 가까운 곳에서만 일어나고 있느냐에 대해서는 이들 결과만 가지고는 언급하기 어렵다.

이와 같은 광들뜸 에너지에 대한 발광 사이트와 비발광 사이트의 분포에 대한 지견은 표면 분석법으로 사용되고 있는 다른 방법으로는 얻기 어려운 것으로 생각되며, 시간분해 전반사 형광 분광법만으로 가능하다 할 수 있다.

② 기타

1-에틸필렌을 첨가한 PMMA 필름에 강한 레이저광을 쏘면 구멍이 뚫린다. 이 현상은 레이저 아블레이션 (laser ablation : 폭식)이라 한다. 그 아블레이션이 일어난 곳 바로 아래의 폴리머/사파이어 계면에서 전반사 조건 하의 형광 감쇄곡선을 측정함으로써 이 조작의 영향이 미치는 깊이에 대한 지견을 얻을 수도 있다[18].

세그멘트화 폴리우레탄 우레아와 같은 표면 · 계면에서 깊이 방향

으로 균일하지 않는 세그멘트 분포를 갖는 고분자 필름 안에서 첨가
물 분자 혹은 불순물 분자가 어떠한 불균일 분포를 취하는냐는 흥미
를 자아내게 한다. 이에 대하여 필렌을 첨가한 스핀코트 박막에 대하
여 그림 10-1(b)의 광학계를 이용하여 연구한 결과 필렌분자의 필름
안에서의 불균일 분포 양상이 명확히 밝혀졌다[19]. 또 같은 연구 그룹
에 의해 레지스트 자료로서 중요한 폴리히드록시스틸렌의 스핀코트
막에 대해서도 형광 프로브로서 피렌분자를 첨가한 계면층, 표면층과
벌크의 차이에 대하여 검토되어, 피렌분자가 박막 안에 내포되어 있
은 양상을 나타내는 모식도가 제안되었다[5].

이상 몇가지 예를 들어 기술한 바와 같이 시간분해 전반사 형광분
광법을 이용함으로써 고분자 필름 안에서는 첨가물 분자는 표면·계
면에서 벌크를 향하여 그 분자가 존재하는 위치의 극성, 회합상태,
농도가 변화하고 있는 사실을 알았다. 이것은 고분자의 특성을 반영
한 막구조를 형성하고 있는데 기인한다고 생각되며, 그에 의존한 표
면·계면근방의 광들뜸 다이나믹스가 관측되는 데 연유한다.

이 기법은 염색한 비단천과 같은 광학적으로 균일하지 못한 시료에
도 적용 가능함을 표시하며[20] 계면이 굳이 균일하지 않아도 적용할
수 있음을 알았다. 또 비근접형 대물렌즈를 갖는 형광 현미경 아래서
이 기법을 적용하면 깊이 방향뿐만 아니라 2차원 방향의 지식도 얻어
지고, 마이크로미터 오더의 3차원 미소 공간의 시간분해 형광 측정이
가능해져 시간분해 **형광 마이크로 프로브법**이 된다[21]. 또 최근에는
전반사 현상을 사용하지 않고 **공초점 형광 현미경**, 피코초 펄스 레이
저를 사용한 시간분해 형광 마이크로 프로브법이 개발되었다[22].

(4) 고분자 표면에 흡착한 형광성 분자의 운동

그림 10-1(c)와 같은 광학계를 사용하여 고분자 계면에서 용액 속
에 스며나온 이버넷센트파에 의해 고분자 표면에 흡착한 단백질에 결

합시킨 형광 프로브를 들뜨게 할 수 있다. 획득된 형광 이방성 감쇄 곡선으로 회전 완화시간을 얻어 고분자 표면 위에 흡착한 단백질 운동 모습에 대한 지견을 얻을 수 있다.[7]

고분자로서는 친수성, 척수성 및 그 중간의 것으로 폴리비닐 알코올(PVA), 폴리에틸렌 (PE), 비닐 알코올과 에틸렌의 공중합체 (EV 53)가 사용되었다. r-글로블린의 경우 그 형광 이방성 감쇄는 그림 10-6에 표시한 바와 같이 고분자의 척수성 비중에 크게 의존하고 있다. 이로부터 PE 표면 위에서는 글로블린은 큰 컴포메이션 변화를 일으키고 있고, PVA 및 EV 53 표면 상에서는 용액 속에 비하여 작은 완화시간이 얻어져 특별한 배향을 취하고 있는 것으로 설명되어, 고분자 표면에 흡착한 단백질 분자운동 양상을 나타내는 모식도가 제안되었다[7].

이처럼 고분자 표면 상의 나노초 시간역에서의 분자운동에 대한 식견도 얻을 수 있다. 시간 분해능을 보다 높임으로써 단백질보다도 작은 분자의 고분자 표면 상의 분자운동 양상을 조사할 수도 있다.

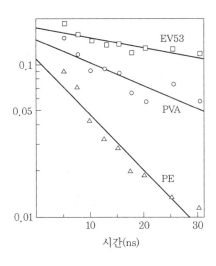

그림 10-6 그림 10-1(c)의 광학계를 사용하여 측정된 고분자 표면 상의 r-글로블린의 형광이방성 감쇄[7]

여기서는 형광이방성 측정을 위해 편광판(편광자, 검광자)이 사용되었다. 그러나 목적에 따라서는 편광판을 사용하지 않고 단순히 고체 속에서 액체 속으로 스며나온 이바네센트파를 들뜬광으로 사용하여 고체 표면 상에 흡착한 분자의 시간분해능 형광측정을 하는 예도 있다[23].

또 원리적으로는 마찬가지 방법으로 투명한 고체 표면 근방의 액체 속 형광성 분자의 시간분해 형광 측정이 가능하며, 그와 같은 특수한 공간에서의 분자의 광물리·광화학 과정의 식견도 얻을 수 있다.

10·3 빛의 전반사 현상을 이용한 시간분해 자외 가시 흡수 분광법

(1) 시간분해 전반사 자외 가시 흡수 분광법[4]

표면·계면 근방에 형광성 분자가 존재하는 경우에는 전술한 바와 같은 형광측정으로 표면·계면층의 양상을 알 수 있다. 한편, 시료가 비형광성인 경우에는 과도흡수 스펙트럼을 측정할 필요가 있다.

그림 10-1(d)에 제시한 광학계로 표면·계면근방에 존재하는 분자의 과도흡수 스펙트럼 측정이 가능하다. 이 경우 모니터광은 프리즘 안에서 다수회 전반사를 반복하게 된다. 레이저 펄스 조사(照射)가 없을 때의 모니터광의 강도 I_0와 I의 시간 변화를 측정하여 $\log(I_0/I)$의 시간변화로 시간분해 ATR UV-VIS 흡수 스펙트럼을 측정할 수 있다. 전술한 시간분해 전반사 형광분광법 때와 마찬가지로 2층막 모델을 사용하여 이 분광법의 유효성이 제시되었다[4].

사파이어 표면에는 안트라센(2 wt%)이 첨가된 PMMA 박막($t = 0.24$ μm)(S층)이, 그 위에 벌크(B)층으로 벤조페논(15 wt%)이 첨가된 두꺼운 필름($t = 200$ μm)이 밀착되었다. 보통 투과법으로 측정하며 그림 10-7(a)에 보인바와 같은 두꺼운 B층의 벤조페논 2중항 3중항 ($T_n \leftarrow T_1$) 흡수가 530 nm 부근에, 430 nm 부근에는 극히 약한 안트라센의 $T_n \leftarrow T_1$ 흡수가 관측된다.

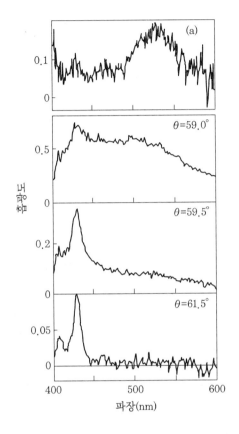

세로축: 흡광도

가로축: 파장(nm)

(a)

$\theta=59.0°$

$\theta=59.5°$

$\theta=61.5°$

S층 : 막두께 0.24 μm
　　　 안트라센 농도 2 wt%
B층 : 막두께 200 μm
　　　 벤조페논 농도 15 wt%
들뜸후 1 μm, 게이트 시간 167ns

**그림 10-7   그림 10-1(d)의 광학계를 사용하여 측정한 PMMA 2층막의
시간분해 자외가시 흡수 스펙트럼[4]**

임계각 $\theta_c = 57.3°$이고 모니터광의 입사각이 그 보다 약간 클 때
(59.0°) 안트라센과 벤조페논의 $T_n \leftarrow T_1$ 흡수는 같은 정도의 강도로
되어 있다. 또 계면층만을 관측할 수 있도록 입사각을 크게 하면 B층
의 벤조페논 흡수 기여는 감소하여 $\theta = 61.5°$에서는 거의 S층의 안트
라센만의 $T_n \leftarrow T_1$ 흡수만이 관측되게 된다 (그림 10-7). 이 경우 모니
터광의 이비넷센트파는 계면에서 약 0.18 μm서 계면 광강도의 $1/e$이
되어, 얻어진 결과와 잘 대응하고 있다[4].

이 측정법은 긴 광로를 취하지 않기 때문에 흡수계수가 큰 물질만을 측정할 수 있고 또 모니터광의 스며들기 깊이가 파장에 따라 변화하기 때문에 흡수 스펙트럼의 단파장측에 비하여 장파장측에서는 관측하고 있는 깊이역이 커져 같은 깊이역을 관측할 수 없는 등의 문제가 남아있다. 그럼에도 불구하고 이 방법은 발광성 시료가 아닐지라도 표면·계면 근방의 광들뜸 다이나믹스의 관측을 가능하게 하는 유리한 방법이라 할 수 있다.

(2) 다중 반사형 시간분해 자외가시 흡수 분광법

그림 10-1(d)의 변형으로 그림 10-1(e)의 광학계를 사용하여 고분자/공기계면에서의 빛의 전반사를 이용하면 광로 길이를 길게 취할 수 있어 이제까지의 투과형 레이저 호토리시스법으로는 불가능했던 박막측정이 가능하다[8].

일반적으로 분자성 결정이나 방향 고리를 조밀하게 갖는 고분자 고체에서는 크로모 포아(chromophore) 농도가 매우 높기 때문에 펄스 레이저광의 조사로 들뜬상태는 표면에 집중하여 생성한다. 따라서 생성한 들뜬 일중항상태끼리의 상호 작용이 효율적으로 일어나 들뜬상태 분자의 농도 감소와 크레크 등이 발생하므로 종래의 레이저 호트리시스법의 적용이 어려웠다. 그러나 그림 10-1(e)의 광학계에서 박막내의 광로 길이를 길게 취하고, 또 최근의 발전한 측정기기(스토리크 카메라, 2차원 CCD 카메라)를 이용함으로써 SN비가 향상되므로 적용이 가능하게 되었다.

예로 그림 10-8에 광도전성 방향족 비닐폴리머인 폴리(N-비닐카르바졸)(PVCz)에 전자수용성 화합물 s-테트라시아노벤젠 (TCNB)을 3mol% 첨가한 스핀코트막(~0.8 μm)의 시간분해 흡수 스펙트럼을 보기로 들었다. 단파장측 375, 475 nm의 흡수는 TCNB 음이온(anion)에 의한 것이고 장파장측 750 nm 부근의 브로드한 흡수는 용액 중 PVCz

의 양이온(cation) 흡수에 유사하여 PVCz 양이온과 동정할 수 있어, 광여기 전자 이동으로 생성한 이온종의 흡수를 고체 필름 속에서 확인할 수 있다[8]. 음이온과 양이온의 흡수감쇄는 거의 일치하며, 이들 이온의 재결합 과정이 율속(律速)이 되어 소실된 것으로 믿어진다. 그 2차 반응의 속도상수로 양이온(홀)의 필름내 확산계수를 얻는다[24]. 이 방법으로 각종 유기박막 내의 광화학 반응 다이나믹스에 대한 연구가 가능하게 되었다.

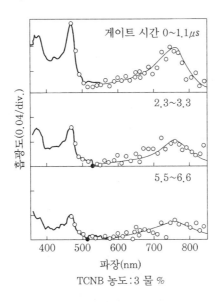

그림 10-8 **그림 10-1(e)의 광학계를 사용하여 측정한 TCNB를 첨가한 PVCz 박막의 시간분해 자외가시 흡수 스펙트럼**[8]

10·4 장래 전망

시간분해 형광 분광법을 적용하여 얻는 고분자 표면 · 계면 혹은 표면 · 계면 근방의 형광 다이나믹스에 대하여 기술하고, 첨가물 분자가 존재하는 환경과 그 회합상태가 표면·계면 근방과 벌크로 다르다는 점, 또 고체 표면에 흡착한 분자의 나노초 시간역 운동에 대한 지식을 얻을 수 있다는 것을 기술했다. 이러한 지식은 이제까지의 표면·계면 해석법으로는 얻기가 어려울 것으로 믿어진다.

비발광성 시료에 관해서도 전반사 현상을 이용한 과도흡수 스펙트럼 측정이 가능하다는 것을 기술했다. 이에 의해서 고체 표면·계면 근방과 각종 박막 내의 광화학 반응 등의 직접적인 추적도 가능하게 되었다.

고분자뿐만 아니라 유기 재료의 표면·계면 혹은 표면·계면 근방의 구조·물성에 관해서도 종래의 정적인 식견뿐만 아니라 동적인 전자론·분자론적인 식견도 요구되므로 그에 따른 화학적 반응까지 포함한 광들뜸 다이나믹스 식견은 중요할 것으로 생각된다. 그 식견을 얻는 방법으로 여기서 기술한 빛의 전반사 현상과 펄스 레이저의 특징을 살린 분광법은 다른 표면·계면근방의 분석·해석법에 비하여 전자상태와 광화학 반응 같은 동적인 식견을 얻을 수 있는 것이 특징이며, 그러한 방법과 함께 앞으로 상보적으로 기여할 것으로 생각된다.

이 장에서 기술한 방법을 적용하여 획득하는 전자상태와 반응 등의 동적인 식견은 광기록, 전자사진 등의 광·전자와 관련되는 재료를 연구하는 데 있어 중요할 것으로 믿는다. 또 펄스레이저의 특징을 살린 측정은 그와 같은 분야의 연구에 앞으로 더욱 소중하게 응용될 것으로 기대된다 (이타야 아키라 / 교토공예섬유대학 섬유학부).

참고문헌

1) 일본 高分子学会高分子表面研究会編, 「高分子表面技術」, 日刊工業新聞 社 (1987)

2) H. Masuhara, N. Mataga, S. Tazuke, T. Murao, I. Yamazaki : *Chem. Phys. Lett.*, **100**, 415 (1983)

3) H. Masuhara, S. Tazuke, N. Tamai, I. Yamazaki : *J. Phys. Chem.*, **90**, 5830 (1986)

4) N. Ikeda, T. Kuroda, H. Masuhara : *Chem. Phys. Lett.*, **156**, 204 (1989)

5) M. Toriumi, H. Masuhara : *Spectrochimica Acta Rev.*, **14**, 353 (1991)

6) H. J. Harrick : Internal Reflection Spectroscopy, Wiley-Interscience (1967)

7) H. Fukumura, K. Hayashi : *J. Colloid Interface Sci.*, **135**, 435 (1990)

8) A. Itaya, T. Yamada, H. Masuhara : *Chem. Phys. Lett.*, **174**, 145 (1990)

9) N. Mataga, H. Obashi, T. Okeda : *J. Phys. Chem.*, **73**, 370 (1969)

10) G. E. Johnson, Macromolecules : **13**, 145 (1980)

11) J. Mort, G. Pfister : Electronic Properties of Polymers, Chap. **6**, Wieley -Interscience (1982)

12) P. Avis and G. Porter : *J. Chem. Soc., Faraday Trans.*, 2, **70**, 1057 (1974)

13) A. Itaya, T. Yamada, K. Tokuda, H. Masuhara : *Polymer J.*, **22**, 697 (1990)

14) J. B. Birks : Photophysics of Aromatic Molecules, Chap. 7, Wiely-Interscience (1970)

15) N. Mataga, Y. Torihashi, Y. Ota : *Chem. Phys. Lett.*, **1**, 385 (1967)

16) G. E. Johnson : *Macromolecules*, **13**, 839 (1980)

17) K. Kalyanasundaram, J. K. Thomas : *J. Am. Chem. Soc.*, **99**, 2039 (1977)

18) A. Itaya, A. Kurahashi, H. Masuhara, Y. Taniguchi, M. Kiguchi : *J. Appl. Phys.*, **67**, 2240 (1990)

19) M. Yanagimachi, M. Toriumi, H. Masuhara : *Chem. Materials.*, **3**, 413 (1991)

20) A. Kurahashi, A. Itaya, H. Masuhara, M. Sato, T. Yamada, C. Koto : *Chem. Lett.*, 1413 (1986)

21) A. Itaya, A. Kurahashi, H. Masuhara, N. Tamai, I. Yamazaki : *Chem. Lett.*, 1079 (1987)

22) 笹木敬司, 越岡雅則, 増原 宏 : 分光研究, 39, 353 (1990), K. Sasaki, M.

Koshioka, H. Masuhara : *Appl. Spectroscopy*, **45**, 1041 (1991)

23) G. Rumbles, A. J. Brown, D. Phillips : *J. Chem. Soc. Faraday Trans.*, **87**, 825 (1991)

24) T. Ueda, A. Itaya, H. Masuhara : *Polymer Preprints Jpn.*, **40**, 1090 (1991)

비선형 광학재료의 성능 해석

11·1 머리말

지난 몇 해 사이 제2고조파 발생을 시발로 하는 파장변환 소자와 초고속 광스위치 혹은 광쌍안정 메모리, 광논리소자 등 비선형 광학효과를 이용한 소자 연구가 많은 진전을 이룩했다. 이들 소자의 실현에 필요한 비선형 광학재료는 반도체 재료와 유기재료 혹은 무기 결정재료와 글라스 재료 등으로 다양하며, 재료에서 디바이스에 이르는 광범위한 연구가 뒷받침되었다.

이 장에서는 이들 재료의 성능 해석을 위해 비선형 광학 상수 측정법에 대하여 기술하겠다.

비선형 광학효과는 광전계의 두 제곱에 비례하는 분극이 발생함으로써 일어나는 제2고조파 발생 (SHG)과 전기 광학효과 (보켈스 효과) 등의 2차 효과와 3제곱에 비례하는 분극에 의해서 일어나는 제3고조파 발생 (THG)과 비선형 굴절률효과 (광카효과) 등의 3차 효과로 분류된다.

2차 측정에 관해서는 별도로 상세한 설명이 있으므로 그 부분에서 하기로 하고 여기서는 주로 비교적 새로운 3차의 비선형 광학측정에 관해서 기술하겠다.

11·2 비선형 광학효과와 측정법

비선형 광학효과는 표 11-1에 보인바와 같이 고차의 비선형 분극으로 기술되는 효과를 이른다. 1차의 분극이 굴절률이나 흡수계수를 나타내는 데 대하여 2차의 분극은 각주파수 ω의 빛이 2ω의 빛으로 변환되는 제2고조파 발생 (SHG)이나 전계 인가에 의해서 굴절률이 변하는 전기 광학효과 (EO효과 : 보켈스 효과)를 나타낸다.

표 11-1 **고차 비선형 분극과 비선형 광학효과**

고차 비선형 분류(E : 빛의 전계강도)

$$P = P_0 + \varepsilon_0 \left(x^{(1)} E + x^{(2)} EE + x^{(3)} EEE + \cdots\cdots \right)$$

$x^{(0)}$: 성형 감수율 → 굴절률 n, 흡수계수 α, 게인 g
$x^{(2)}$: 2차 비선형 감수율 → SHG효과, 광파라메트리크 증폭, EO효과 (보켈스 효과)
$x^{(3)}$: 3차 비선형 감수율 → THG효과, EO효과(카효과), 비선형 굴절률, 비선형 흡수계수

또 3차의 분극은 ω의 빛이 3ω로 변환되는 제3고조파 발생 (THG)과 전계의 두 제곱에 비례하여 굴절률이 변하는 EO효과 (카효과)에 부가하여 빛의 강도 I에 의존하는 비선형 굴절률 n_2 (광 카효과라고도 하며, $n = n_0 + n_2 I$로 정의된다. n_0는 약한 들뜸 때의 선형 굴절률)와 비선형 흡수계수 α_2 ($\alpha = \alpha_0 + \alpha_2 I$, α_0는 선형 흡수계수)의 효과를 나타낸다. 비선형 굴절률 n_2는 3차의 감수율 $x^{(3)}$의 실수부에 대하여 MKS 및 cgs-esu 단위계로 각각

$$n_2 = 3\mathrm{Re}\left\{ x^{(3)} \right\} / 8cn^2 \varepsilon_0, \quad \text{(MKS계)} \quad \cdots\cdots\cdots\cdots (11.1)$$

$$n_2 = (6\pi^2 \mathrm{Re}\{x^{(3)}\}/cn^2) \times 10^7, \ (\text{cgs-esu계}) \quad \cdots\cdots\cdots\cdots (11.2)$$

로 주어진다. n_2의 단위는 MKS, cgs-esu계에서 각각 m^2/W 및 cm^2/W, $x^{(3)}$의 단위는 각각 m^2/V^2 및 esu이다. c는 광속, ε_0는 진공 유도율이다. $\mathrm{Re}\{ \quad \}$는 실수부를 나타낸다. 또 비선형 흡수계수 α_2는 $x^{(3)}$의 허수부에 대하여 MKS계로

$$\alpha_2 = 3\pi \mathrm{Im}\{x^{(3)}\}/2cn^2\varepsilon_0\lambda, \ (\text{MKS계}) \quad \cdots\cdots\cdots\cdots\cdots (11.3)$$

의 관계가 성립한다. α_2의 단위는 m/W이고 $\mathrm{Im}\{ \quad \}$는 허수부를 표시한다.

그런데 표 11-1의 고차 분극식에서 빛의 전계 E에 의해서 발생하는 2차 및 3차의 비선형 분극이 1차 분극에 비하여 무시할 수 없는 조건으로 예컨대

$$|x^{(2)}EE|, \ |x^{(3)}EEE| \sim |x^{(1)}E| \times 10^{-3} \quad \cdots\cdots\cdots\cdots\cdots (11.4)$$

로 가정하면 빛의 전계강도는 어느 경우에도 $|E| = 10^6 \sim 10^9 \mathrm{V/m}$로 구할 수 있다. 단, 비선형 상수로서 $x^{(2)} = 10^9 \sim 10^6 \mathrm{esu}$(MKS로는 $4 \times 10^{13} \sim 4 \times 10^{-10} \mathrm{m/V}$), $x^{(3)} = 10^{-12} \sim 10^{-9} \mathrm{esu}$(MKS로는 $1.4 \times 10^{-20} \sim 1.4 \times 10^{-17} \mathrm{m}^2/V^2$), $x^{(1)}$은 MKS계로 $x^{(1)} \equiv n^2 - 1 = 1$(cgs계로는 $x^{(1)} \equiv (n^2 - 1)/4\pi \sim 0.08$)로 가정했다. 전계강도를 광강도로 환산하면 $I = 1\,\mathrm{MW/cm}^2 \sim 1\,\mathrm{TW/cm}^2$로 계산된다. 즉, 고차 비선형 분극에 기인하는 비선형 광학효과는 일반적으로 상당히 강한 빛에 대하여 관측된다.

2차의 비선형 광학상수 $x^{(2)}$의 측정은 SHG 강도나 EO효과를 측정함으로서 가능하다. 한편 $x^{(3)}$, n_2 혹은 α_2 등의 3차 비선형 광학상수는 간섭법이나 축퇴 4광파혼합법 혹은 THG법에 의해서 측정된다. SHG법과 3차 상수 측정에는 전술한 이유로 높은 파워광을 필요로 하

여 펄스레이저가 광원으로 사용된다. 펄스레이저를 사용한 각종 비선형 광학상수 측정법을 표 11-2에 정리했다. 다음은 이들 측정법에 대하여 기술하겠다.

표 11-2 **각종 비선형 광학상수 측정법**

측정법	측정 원리	측정 상수	평가 재료 예	광원 파워 레벨*
간섭계법	입사광 강도 → 간섭줄무늬 변화	n_2	글라스, 도브 글라스	>10kW peak
파브리 페로공진기	펌프광 강도 → 투과파장 변화	n_2	도브 글라스, 반도체	~1kW peak
광카셔터	펌프광 → n이방성	n_2, τ	유기글라스	~1kW peak
도파로카플러	입사광 강도 → 결합각 변화	n_2, τ	유기, 도브 글라스	1~100kW peak
축퇴 4광파 혼합	간섭줄무늬 → 그레이팅 회절	$\|x^{(3)}(-\omega:\omega, -\omega, \omega)\|, \tau$	유기, 도브 글라스, 반도체	1~100kW peak
펌프프로브법	펌프광 → 투과율 변화	α_2, τ	도브 글라스, 반도체	1~100kW peak
제3고조파 발생	3차 분극 → 3ω 발광	$x^{(3)}(-3\omega:\omega, -\omega, \omega)$	유기글라스, 반도체	10~100kW peak
제2고조파 발생	2차 분극 → 2ω 발광	$x^{(2)}(-2\omega:\omega, \omega)$	유기, 무기결정	~1kW peak

*) $x^{(3)} = 10^{-10} \sim 10^{-9}$esu를 상정

11·3 비선형 굴절률 n_2의 측정법

고속 광스위치와 광쌍안정 소자를 실현하기 위해 중요한 비선형 굴절률 n_2 측정법으로는 마이켈슨 간섭계 (Michelson interferometer)와 파브리페로 (Fabry-Perot)공진기를 사용하는 간섭법, 도파로 카플러를 사용하는 카플러법, 그리고 광카 셔터법이 있다.

마이켈슨 간섭계나 트와이만 그린간섭계 (Twyman-Green interferometer)의 한쪽 팔에 비선형 재료를 삽입하여 간섭 줄무늬의 변화를 관측하는 간섭계법은 각종 글라스 재료나 반도체 도브글라스에 대하여 실시되고 있다[1,2]. 또 파브리페로 공진기를 사용하면 다중 반사효과로 보다 낮은 파워 광원으로 측정이 가능하다. 그림 11-1은 반도체 도브글라스에 의한 측정 예이다[3].

게이트광 (파장 $0.675\,\mu$m)의 입사로 시료 굴절률이 변화하면 공진기의 광학 길이가 변화하고, 그 결과 프로브광 (파장 $0.812\,\mu$m)의 투과율이 대폭 변화한다 (그림 11-1(b)).

위의 결과를 게이트광이 없을 때 공진기의 투과특성 (그림 11-1(c))과 비교하면 게이트광 입사 때의 공진기의 광학길이 변화가 가늠된다. l는 시료 길이이다. 이 광학길이 변화 Δnl $(= 0.018\,\mu$m)로부터 $n_2 = -1.1 \times 10^{-11}\,\text{m}^2/\text{W}$의 값이 산출된다. 이들 간섭법은 원리적으로는 모든 3차 비선형 재료에 적용이 가능하고 유기 재료에의 시도도 앞으로 기대된다.

기판 글라스 상의 막상 (膜狀) 샘플을 광도파로로 사용하고, 이 도파로에 프리즘 카플러나 그레이팅 카플러를 사용하여 빛을 입사하면 도파로의 굴절률에 대응한 입사각에서 도파로 결합이 일어나는 것으로 알려져 있다. 약한 들뜸과 강한 들뜸 때의 각 결합각을 측정하면 그 굴절률 변화로부터 n_2가 결정된다. 그림 11-2는 폴리머막에서의 실험 예이다[4,5].

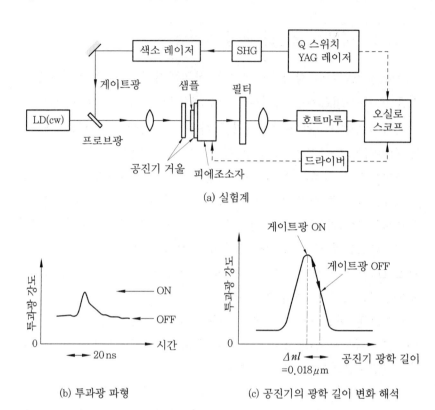

(a) 실험계

(b) 투과광 파형　　　　　　(c) 공진기의 광학 길이 변화 해석

그림 11-1　**파브리페로 공진기에 의한 반도체 도브 글라스의 n_2측정**[3]

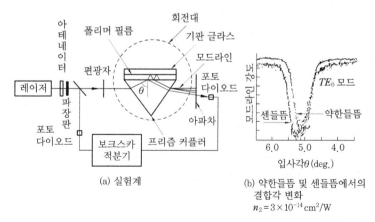

(a) 실험계　　　　　　(b) 약한들뜸 및 센들뜸에서의
　　　　　　　　　　　결합각 변화
　　　　　　　　　　　$n_2 = 3 \times 10^{-14}$ cm²/W

그림 11-2　**도파로 카플러에 의한 폴리머 막의 n_2측정**[4,5]

도파로 카플러법은 구성이 간단한 것이 특징이지만 입사광과 비선형 매질의 상호작용이 한 점에서 일어나기 때문에 상당히 강한 광원을 필요로 하는 결점이 있다. 특히 열효과가 혼입되기 쉽고, 그 혼입을 피하기 위해 보통 피코초 이하의 펄스광이 사용된다.

광카 셔터법은 직선 편파의 펌프광에 의해 샘플 내에 굴절률 이방성을 발생시키고, 그로 인해 직선 편파의 프로브광이 타원 편파로 변화하는 모습을 관측한다. 타원 편광의 위상차각 $\Delta\phi$는

$$\Delta\phi = (2\pi l I_p / \lambda)\Delta n_{2,\text{eff}} \quad\cdots\cdots\cdots\cdots\cdots\cdots (11.5)$$

$$\Delta n_{2,\text{eff}} = 2(n_{2/\!/} - n_{2\perp}) \quad\cdots\cdots\cdots\cdots\cdots\cdots (11.6)$$

로 주어진다. 단, l는 두 빔의 상호작용 길이, I_p는 펌프광 강도, $n_{2/\!/}$ 및 $n_{2\perp}$는 펌프광의 편광방향이 프로브광과 평행 및 수직인 때의 n_2의 값(3차 분극에 의한 경우는 보통 3:1)을 나타낸다.

편광자를 직교시킨 크로스니콜의 검출계를 사용하면 매우 고감도의 $\Delta\phi$ 검출을 할 수 있기 때문에 비교적 낮은 파워광으로 측정이 가능하다. 유기재료 용액 평가에 사용되는 측정계의 한 예를 그림 11-2에, $\Delta n_{2,\text{eff}}$의 측정 결과를 표 11-3에 종합하여 게시했다[6,7].

표 11-3 **광카 셔터법에 의한 각종 유기 용액의 $\Delta n_{2,\text{eff}}$ 측정값**

유기재료	용매	농도(%)	$\Delta n_{2,\text{eff}}$(상대값)
CS₂(표준 시료)	–	100	1
DMSM	포름아미드	20	1.9
DESI	DMF	25	1
DEANST	니트로벤젠	30	2.3
MNA	에탄올	5	< 0.1

그림 11-3(c)의 파형은 시간 폭이 나노초인 펄스레이저를 사용했을

때의 결과이고 피코초의 펄스레이저를 사용하면 재료의 응답시간도
측정할 수 있다. 펄스폭 3.7ps의 색소 레이저 펌프광에 사용하여 스
트리크 카메라(시간 분해능 2ps)로 관측한 유기 용액의 광카 셔터 출
력파형을 그림 11-4에 게시했다[8].

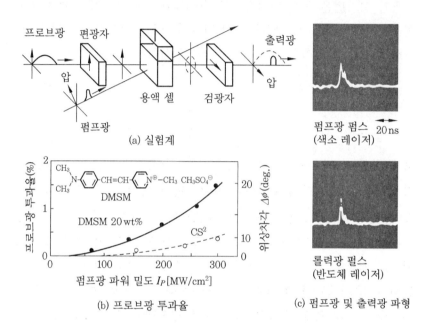

(a) 실험계

펌프광 펌스 ◄►20ns
(색소 레이저)

(b) 프로브광 투과율

롤력광 펄스
(반도체 레이저)

(c) 펌프광 및 출력광 파형

그림 11-3 **광카 셔터에 의한 유기 용액의 n_2 측정,**[6]
시료는 DMSM/포름아미드 용액

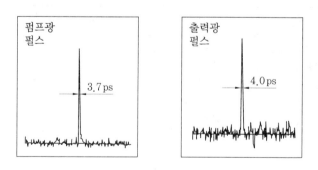

그림 11-4 **DEANST/니트로벤젠 용액에서의 피코초 카셔터 펄스 파형**[8]

이 계에서는 비선형 굴절률 효과로 3차의 비선형 분극 (응답 속도 0.1 ps 이하) 외에 유기분자의 배향효과 (응답 속도~수 ps)가 중복해서 일어나고 있으며 그 결과 4 ps 정도의 응답을 나타내고 있을 것으로 생각된다.

11·4 축퇴 4광파 혼합에 의한 $x^{(3)}$의 측정법

축퇴 4광파 혼합은 두 펌프파에 의해 샘플 안에 간섭줄무늬를 생성시키고, 이 간섭줄무늬에 대응한 굴절률의 글레이팅에 의한 프로브광의 회절광을 관측한다. 회절광 강도 I_4로부터 다음 식에 의해 $|x^{(3)}|$의 값이 결정된다.

$$I_4 \propto I_1 I_2 I_3 \ |x^{(3)}|^2 l^2 / n^4 \quad \cdots\cdots\cdots\cdots\cdots\cdots\cdots\cdots\cdots (11.7)$$

여기서 I_1과 I_2는 펌프광 강도, I_3은 프로브광 강도, l는 세 빔의 상호작용 길이다. 이 방법은 메커니즘에 의하지 않고 발생하는 모든 비선형 효과를 관측할 수 있으므로 각종 재료에 대하여 빈번하게 이용된다.

관측계의 한 예를 그림 11-5에 게시했다[9]. 세 입사빔은 동일한 펄스레이저광을 분할하여 사용한다. 파동벡터의 위상정합 조건상 두 펌프광과 프로브광은 예컨대 샘플을 정점으로 하는 4각추의 세 언덕을 따라 입사시킨다 (보크스카 배치라고 한다).

피코초나 서브피코초의 펄스레이저를 광원으로 사용하여 펄스 간격을 바꾸어 측정하면 재료의 응답 시간도 결정된다[10]. 즉, 펄스폭 이하의 초고 분해능 응답속도 측정이 가능하다.

문제점으로는 열로 인한 굴절률 변화가 혼입되기 쉽고 비선형 흡수효과에 의해서 흡수계수의 그레이팅이 발생하여 ($\mathrm{Im}\{x^{(3)}\}$, 즉 흡수계수의 그레이팅), 이로 인하여 일어나는 회절광 분리가 불가능한 점이

며, 펄스폭과 파장 등의 실험 조건에 따라 획득되는 비선형 상수의
값이 상이한 점에 주의할 필요가 있다.

유사한 광학계로 비선형 흡수효과만을 측정하는 방법으로는 펌프
프로브법이 있다.

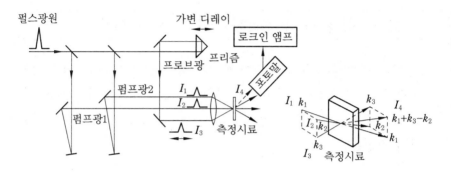

그림 11-5 축퇴 4광파 혼합의 실험계[9]

11·5 고조파 발생에 의한 $x^{(3)}$ 측정법

유기 재료와 무기 결정재료 혹은 글라스 재료 등 고차 분극에 기인
하는 2차 혹은 3차의 비선형 광학효과를 측정하는 방법으로 고조파
발생 (SHG 및 THG법)이 있다. Q 스위치 YAG 레이저 등의 나노초 펄
스레이저를 사용하여 비교적 간편하게 측정할 수 있기 때문에 비선형
상수의 간편한 측정법으로 널리 사용되고 있다.

THG법으로 얻어지는 상수는 $x^{(3)}(-3\omega ; \omega, \omega, \omega)$로, n_2와의 대응
은 직접적이지는 않지만 다른 3차 상수의 측정법에 비하여 광흡수로
야기되는 열효과 등의 비선형성이 혼입되기 어렵기 때문에 데이터 재
현성이 좋고 신뢰성이 높다.

주파수 ω의 입사파 (파워밀도 I_1)에 대하여 주파수 $m\omega$의 비선형
분극이 유기되고($m = 2$; SHG, $m = 3$; THG) 그 결과 방출되는 고조

파 강도 I_m (파워밀도)은 다음 식 (MKS 단위계)으로 주어진다[11].

$$I_m = \frac{2^{m-1}\omega^2 I_1^m}{(nc)^{m+1}\epsilon_0^{m-1}}\{x^{(m)}\}^2 l^2 T_1 T_m$$

$$\times \sin^2(\Delta kl/2)/(\Delta kl/2)^2 \quad\cdots\cdots\cdots\cdots\cdots\cdots (11.8)$$

$$\Delta k \equiv \pi/l_c = 2m\pi(n_m - n_1)/\lambda \quad\cdots\cdots\cdots\cdots\cdots\cdots (11.9)$$

여기서 c는 광속 ε_0는 진공 유전율, l는 시료 길이, T_1, T_m은 입사파 및 고주파의 프레넬 (Fresnel) 투과율, λ는 입사파의 파장, l_c는 코히어런스 길이, n_1 및 n_m은 각각 ω, $m\omega$의 빛에 대한 굴절률이다. 식 (11.8)에서는 $n_m = n_1 = n$으로 근사했다. 식 (11.8)로 알 수 있듯이, 입사파와 고조파가 위상 정합되어 있지 않다고 가정하면 ($\Delta k \neq 0$), I_m은 l이 충분히 작을 때는 l^2에 비례하여 증가하고 l이 클 때는 $l = 2l_c$를 주기로 하여 진동한다. 따라서 고조파 강도를 l의 함수로 하여 측정하면 강도 패턴의 주기로부터 l_c가, 패턴의 진폭으로부터 $x^{(m)}$ 값이 산출된다.

$I_m(l)$의 실제 측정에는 쐐기상의 시료를 만들어 평행으로 이동시키면서 측정하는 방법 (왜지(wedge)법)과 시료를 회전시키면서 유호 길이를 변화시키는 방법 (Maker fringe : 메이커프린지법)이 있다. 또 보통 I_m의 절대값 측정을 하지 않고 $x^{(m)}$이 기지인 표준 시료와 비교 측정을 한다. 그림 11-6(a)는 THG 메이커프린지 측정장치의 한 예이다[12,13].

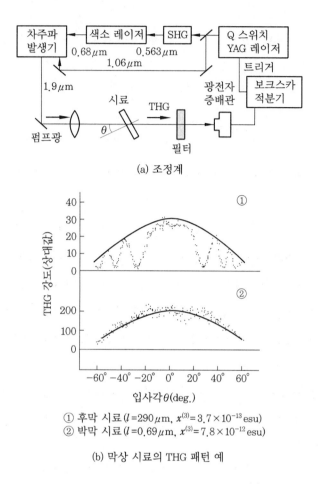

(a) 조정계

① 후막 시료(l=290μm, $x^{(3)}$=3.7×10^{-13}esu)
② 박막 시료(l=0.69μm, $x^{(3)}$=7.8×10^{-12}esu)

(b) 막상 시료의 THG 패턴 예

그림 11-6 THG 메이커프린지법에 의한 $x^{(3)}$측정[12]

그림 11-6(a)에서는 시료 안에 발생한 TH파의 재흡수를 피하기 위해 장파장의 들뜬 광원을 사용할 필요가 있으므로 여기서는 Q 스위치 YAG 레이저와 색소 레이저의 차주파 발생기를 사용하고 있다. 출력광 강도는 80~200 MW/cm², 파장은 λ = 1.5 ~ 2.2 μm 범위로 가변이다. 시료는 회전 스테이지에 고정되어, 입사빔과 수직인 방향을 축으로 회전시킨다. THG 강도 측정에는 광전자 증배관과 보크스카 적분기를 사용하며, 들뜬 광을 차단하기 위해서는 IR 흡수 필터 또는

분광기를 사용한다.

그림 11-6(b)는 전형적인 측정 결과로, 유기 재료의 막상 시료인 THG 패턴을 보인 것이다. 막 두께 l이 코히어렌스 길이 l_c 보다 충분히 큰 경우는 ($l_c \sim$ 수 μm), 위의 그림과 같은 메이커프린지가 관측되고, l이 l_c 보다 충분히 작은 경우는 입사각 θ에 대하여 단조 감소의 패턴이 관측된다. 막상 시료인 $x^{(3)}$값은 표준시료(예를 들면 석영 글라스판)의 THG 강도와 비교함으로써 다음 식으로 구할 수 있다.

$$x^{(3)} = x^{(3)}_s [(1+n)/(1+n_s)]^4$$
$$\times (l_{c,s}/l_c)(I_3/I_{3,s})^{1/2}, \quad (l \gg l_c \text{일 때}) \quad \cdots\cdots\cdots\cdots (11.10)$$

$$x^{(3)} = (2/\pi)x^{(3)}_s [(1+n)/(1+n_s)]^4$$
$$\times (l_{c,s}/l)(I_3/I_{3,s})^{1/2}, \quad (l \ll l_c \text{일 때}) \quad \cdots\cdots\cdots\cdots (11.11)$$

단, I_3는 측정 시료의 THG 피크강도 (메이커프린지의 경우는 포락선의 $\theta = 0$의 값), $I_{3,s}$는 표준 시료의 THG 피크 강도, $l_{c,s}$ 및 $x^{(3)}_s$는 표준 시료의 값, n, n_s는 측정 샘플 및 표준 샘플의 굴절률이다.

표 11-4는 THG에 의해 관측된 각종 비선형 광학재료의 $x^{(3)}$값이다.

표 11-4 **THG법에 의한 각종 재료 $x^{(3)}$ 측정값**

비선형 광학재료		$x^{(3)}$(cgs-esu)	$\lambda(\mu m)$
석영 글라스(표준 시료)		SiO_2	1.90
모노머 도프 폴리머 아조벤젠/PMA		3.2×10^{-12}	1.90
도전성 π공역 폴리머 p체닐렌비닐렌		3.2×10^{-11}	1.85
폴리디아세틸렌(진공 증착막)	$E /\!/ c$	2.9×10^{-10}	1.90
	$E \perp c$	3.0×10^{-12}	1.90
반도체 결정재료 AlGaAs/AlAs $-$ MQW		3.5×10^{-10}	1.97
카르코게나이드글라스 As_2S_3		7.2×10^{-12}	1.90

표에서 폴리디아세티렌 증착막에서는 입사광의 편광방향 차이로 THG의 대폭적인 이방성이 인지되어, THG법이 결정의 배향성 검증에도 유효하다는 것이 확인되었다[14]. 또 유기물 이외에서도 반도체 결정재료와 카르고게 나이드 글라스 재료에서 고효율의 THG$x^{(3)}$값이 검출되었다[15,16].

위에서 기술한 바와 같이 메이커프린지법은 $0.1\,\mu\mathrm{m}{\sim}1\,\mathrm{mm}$ 정도의 막상 시료로 만들면 석영 글라스에 버금가는 $x^{(3)}$값을 갖는 재료에 대하여 측정할 수 있다. 보다 간략한 측정법으로, 분말 시료에서 발생하는 THG의 산란광을 측정할 수도 있다 (분말법). 이 경우는 l_c값의 고려가 필요하므로 주의할 필요가 있다. 상세한 것은 문헌 (12, 13)을 참조하기 바란다.

11·6 맺는말과 장래 과제

3차의 비선형 광학상수 측정법으로는 제3고조파 발생 (THG) 법이 간편하며, THG 강도를 표준 시료와 비교함으로써 $x^{(3)}$상수를 상당히 재현성이 좋게 구할 수 있다. 또 간섭과 편광 변화를 관측함으로써 비선형 굴절률 n_2의 값도 비교적 간단하게 측정할 수 있다. 하지만 일반적으로 3차의 비선형 광학상수 측정에는 높은 파워의 펄스 레이저 광원을 필요로 한다. 따라서 선형상수 측정에 비하면 측정 정밀도가 충분하다 할 수는 없다. 또 $x^{(3)}$상수 결정에는 표준 샘플 값을 많이 사용하고, 현실적으로는 절대값의 검증이 불충분한 것으로 보인다. 따라서 더욱 충실한 데이터 축적과 측정 표준화를 추진하는 것이 앞으로의 과제이다 (구보데라 겐이치/NTT(주)경계영역연구소).

외아석 레이저 광선으로 달까지의 거리 측정

광학장치를 이용하여 먼 곳의 거리를 측정하는 경우 일반적으로 3각 측량 방식이 많이 사용된다. 이 3각 측량은 정확하게 측정한 한 변과 목표 물체와의 각도를 바탕으로 3각 함수를 구사하여 그 거리를 구하는 방식이다. 이 목시(目視)에 의한 3각 측량은 목표 물체가 먼 곳에 위치할수록 측정 오차가 크게 마련이다.

또 전파의 전파시간을 응용한 방법도 목표 물체가 멀리 위치할수록 그 반사파가 약해져 실용성이 떨어진다.

이러한 경우 전파 대신에 레이저광을 사용하면 이 모든 난제가 단번에 해결된다. 예를 들어, 지구에서 달까지의 거리를 측정하는 경우 레이저광을 이용하면 유효한 수단이 된다. 충분히 오므린 강력한 레이저 광선을 달을 향해 발진하면 38만 km 떨어진 달면에서는 200 m 지름의 스포트광으로 귀납되므로 매우 정확한(오차 약 15 cm) 측정이 가능하다.

참고로, 자연광을 이용한 경우는 아무리 오므리고 오므려도 그 인코히어렌성 때문에 38만 km 전방에서는 지름 4,000 km의 거대한 스포트로 확산된다. 이 때문에 아무리 강력한 광선을 발진하여도 그 반사광을 관측하기는 어렵다(그림 1).

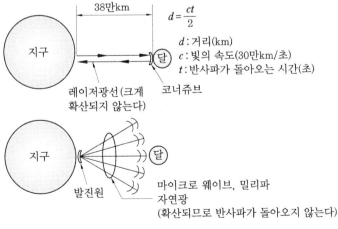

그림 1 레이저 광선으로 달까지의 거리를 측정한다

사실 1969년에 미국의 아폴로 11호가 인류 최초로 달면에 발을 디뎠을 때 달면의 고요한 바다에 몇 개의 코너큐브(역 반사경, 빛의 입사방향과 같은 방향으로 반사하는 거울)를 세팅하고 왔다. 그것을 이용하여 지구 상에 설치한 송신 망원경과 수신 망원경을 사용하여 거리를 측정하기 위해서다. 실제로 현재까지도 이것을 사용하여 달과의 거리를 계측하고 있다고 한다(그림 2). 하지만 레이저광을 이용한 방법으로도 40만 km 이상 떨어진 천체 간의 계측은 어렵다고 한다.

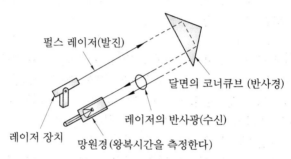

그림 2   코너 큐브의 사용 예

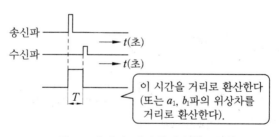

그림 3   레이저 거리계의 계측 방법

참고문헌

1) M. J. Weber, D. Miliam and W. L. Smith : *Opt. Properties Opt. Materials,* **17**, 463 (1978)

2) G. R. Olbright and Peyghambarian : *Appl. Phys. Lett.,* **48**, 1184 (1986)

3) H. Kobayashi, H. Kanbara and K. Kubodera : *IEEE Photonics. Tec. Lett.,* **2**, 268 (1990)

4) B. P. Singh and P. N. Prasad : *J. Opt. Soc. Am.,* **B-5** (1988) 453.

5) R. Burzynski, B. P. Singh, P. N. Prasad, R. Zanoni and G. I. Stegeman : *Appl. Phys. Lett.* **53**, 2011 (1988)

6) H. Kanbara, H. Kobayashi, and K. Kubodera ; *IEEE, Photonics. Tec. Lett.,* **1**, 149 (1989)

7) 久保寺憲一, 小林秀紀 : 日本物理学会誌 **46**, 464 (1991)

8) H. Kanbara, H. Kobayashi, K. Kubodera, T. Kurihara and T. Kaino : *IEEE Photonics Tec. Lett.,* **3**, 795 (1991)

9) M. Mitsunage, H. Shinojima, and K. Kubodera : *J. Opt. Soc. Am.,* **B-5**, 1448 (1988)

10) 小林孝嘉 : 応用物理 **59**, 785 (1990)

11) 예를 들면, 櫛田孝司 : "量子光学" 朝倉書店, p.117 (1984)

12) 久保寺憲一 : 固体物理, **24**, 903 (1989)

13) K. Kubodera and H. Kobayashi : *Mol. Crys. Liq. Crys.,* **182A**, 103 (1990)

14) T. Kanetake, K. Ishikawa, T. Hasegawa, T. Koda, K. Takeda, M. Hasegawa, K. Kubodera and H. Kobayashi : *Appl. Phys. Lett.,* **54**, 2287 (1989)

15) H. Kobayashi, H. Iwamura and K. Kubodera : *J. Appl. Phys.,* **65**, 5202 (1989)

16) H. Nasu, K. Kubodera, H. Kobayashi, M. Nakamura and K. Kamiya : *J. Am. Ceram. Soc.,* **73**, 1794 (1990)

제 4 부

정보기술 분야의 이용

Laser

Application Technology

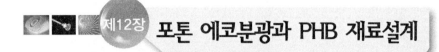

12·1 머리말

작금, 파장다중 광메모리 응용의 가능성으로 PHB (Photochemical Hole Burning : 광화학 홀 버닝) 연구가 활발하게 진행되고 있다. 그 재료를 개발함에 있어서는 먼저 이 계 (색소 폴리머계가 대다수이지만) 의 분광특성을 이해하는 것이 매우 중요하다.

이 광메모리는 흡수 스펙트럼을 구성하는 영포논선의 홀 버닝을 이용하는 것이므로 영포논선의 폭이 가급적 좁고 또한 흡수 스펙트럼에 찾이하는 영포논선의 기여가 높은 재료가 바람직하다. 영포논선의 특징이 시료에 따라 크게 다른 것은 색소의 전자준위와 폴리머가 갖는 저주파수 모드 (포톤)와의 결합 (전자격자 상호작용)의 세기가 색소, 폴리머의 종류에 의존하기 때문이다.

그럼 어떠한 색소와 폴리머를 결합하면 이 전자격자 상호작용을 약화시킬 수 있겠는가. 색소의 분광 연구는 그 역사가 깊은데, 이와 같은 관점에서 색소 폴리머계를 연구한 예는 희소하다. 오히려 PHB 현상이 거의 예외 없이 모든 색소 폴리머계에서 일어나는 (PHB의 효율은 계에 의존하지만) 사실이 밝혀져 그 홀 스펙트럼을 통하여 상세한 논의가 가능하게 되었다.

액체와 폴리머에 녹아든 색소의 스펙트럼은 일반적으로 매우 광범위하여 단순한 발광, 흡수 스펙트럼 측정만으로는 논의할 수 없다.

불균일 확산을 제거하는 분광법, 즉 홀 버닝분광, 포톤 에코분광을 적용함으로 정확한 논의가 가능하다. 필자들은 홀버닝 스펙트럼이 포톤에코 신호의 푸리에 변환으로 얻어지는 사실에 착안하여 포톤 에코 분광법을 써서 색소 폴리머 계의 전자격자 상호작용 연구를 계속해 왔다. 이 분광법으로 밝혀진 색소 폴리머계의 전자격자 상호 작용 특징과 PHB 신재료 개발 현상에 대하여 기술하겠다.

12·2 위상변조 축적 포톤 에코

축적 포톤 에코[1]검출을 위한 새로운 변조법 개발이 이제까지 시행되어 왔다[2,3]. 그림 12-1은 위상 변조법에 의한 에코 측정계로[3], 현재로서는 이 방법이 축적 포톤 에코 검출에 대하여 가장 유효하다. 이제까지의 강도 변조법에 의한 에코 측정에서는 광학적으로 투명한 산란이 적은 시료가 필요했었지만 이 새로운 변조법에서는 그 산란은 문제가 되지 않을 뿐만 아니라 시료가 불투명한 경우에도 형광을 모니터함으로써 에코 측정이 가능하다[4].

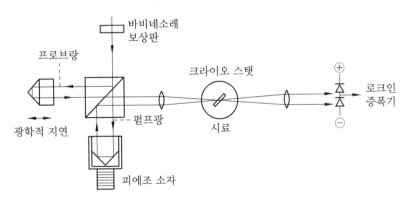

그림 12-1 **위상 변조법에 의한 축적 포톤에코 측정계**

펌프, 프로브광의 광학적 지연은 마이켈슨 간섭계를 사용하여 실시하고 펌프광의 위상변조는 피에조 소자를 진동시킴으로써 얻고 있다.

변조 주파수를 f로 하면 에코 신호는 $2f$에 나타난다. 투과광에 나타
나는 에코를 검출하려면 두 포토다이오드를 사용하여 펌프, 프로브광
의 차를 취하는 방식이 S/N(신호/잡음) 비를 높이는 데 있어 유효하
다. 다음에서는 축적 포톤 에코를 사용하여 얻어진 색소 · 폴리머계의
분광특성에 관해서 기술하겠다.

12·3 푸리에 변환 포톤 에코분광

스펙트럼 폭이 넓은 광원으로 들뜸된 에코 신호를 푸리에 변환
(Fourier transform)하면 넓은 파장 범위에 걸친 홀버닝 스펙트럼을
얻을 수 있다[5]. 예를 들면, 그림 12-2는 포르핀(porphin) 색소 TPP
(테트라페닐포르핀)와 TCPP(테트라 칼복시페닐포르핀)에서의 측정 예
로, 색소의 Q_x (0, 0) 흡수대가 들뜸되어 있다. (a)가 에코 신호, (b)
가 그 푸리에 변환 스펙트럼, (c)가 홀버닝 분광법으로 얻은 홀스펙트
럼을 표시한다. (b)와 (c)의 비교로 에코신호의 푸리에 변환이 홀버닝
스펙트럼을 부여하고 또 이 Q_x (0, 0) 흡수대가 영 포논선(ZPL), 포
논사이드 밴드(PSB), 진동 준위로 구성되어 있음을 알 수 있다.

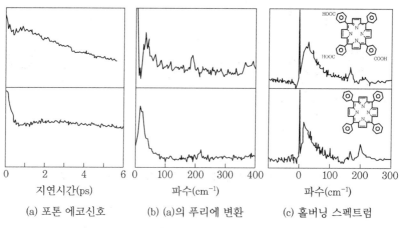

(a) 포톤 에코신호   (b) (a)의 푸리에 변환   (c) 홀버닝 스펙트럼

그림 12-2   포르핀 색소 TCPP와 TPP의 포톤 에코

이 실험에서는 색소가 각각 PMMA (폴리메틸메타크리레이트), PVOH (폴리 비닐 알코올)에 용해되어 있으며 폴리머 종류에 따라 PSR의 형상, 특히 피크 주파수가 다른 것을 알 수 있다.

12·4 균일 스펙트럼의 과도 변화

폴리머에 도브된 색소의 흡수 스펙트럼은 온도를 상온에서 헬륨 온도 (4K)까지 변화시켜도 그 형상이 별로 변화하지 않는다. 이것은 균일 스펙트럼의 온도 변화가 큰 불균일 확산에 의해서 마스크되어 있기 때문이다. 색소 OEP (옥타에틸포르핀)를 폴리스틸렌에 도브한 시료를 사용하여 $Q_x(0, 0)$ 대의 균일 스펙트럼 온도 변화를 측정하였다[6].

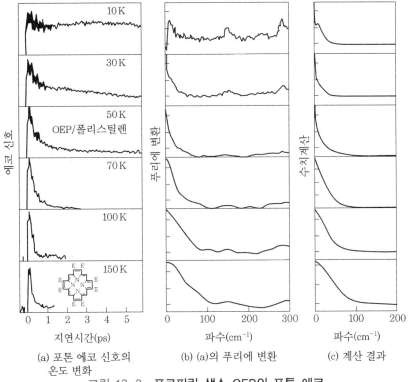

(a) 포톤 에코 신호의   (b) (a)의 푸리에 변환   (c) 계산 결과
온도 변화

그림 12-3 **포르피린 색소 OEP의 포톤 에코**

그림 12-3의 (a)가 관측된 에코 신호이고 (b)가 그 푸리에 변환, (c)가 1차의 전자격자 상호작용을 고려한 계산 결과이다. (b)의 스펙트럼으로 이 시료에서의 ZPL은 60K 이하에서만 현저하고, 그 온도 이상에서는 PSB가 지배적으로 되어 있음을 알 수 있다. 온도가 상승함에 따라 PSB의 폭이 넓어지는 것은 기저상태의 포논 준위가 열분포하기 때문이다. (c)의 계산 결과는 (b)의 스펙트럼을 잘 재현하고 있으며, 폴리머의 도브된 색소의 흡수 스펙트럼을 고찰함에 있어서 PSB의 형상이 중요한 역할을 하고 있음을 알 수 있다.

12·5 Debye-Waller 인자의 온도 의존성

ZPL과 PSB의 면적에 대한 ZPL의 면적비는 색소의 전자 준위와 호스트폴리머와의 상호작용 세기를 부여하는 가늠이 되며, 이를 Debye Waller 인자 α 라고 한다. 이 온도 의존성은 근사적으로도

$$\alpha = \exp(-S_0 \coth h\nu/2kT) \quad\cdots\cdots\cdots\cdots\cdots\cdots\cdots\cdots\cdots (12.1)$$

나타낸다. 여기서 S_0 는 1차 전자격자 상호작용의 세기를 표시하고 흐앙리스 (Huang-Rhys) 인자라고 한다. 또 ν 는 포논의 주파수를 표시한다. 색소·폴리머계에 있어서도 식 (12.1)이 성립하는 것을 확인하기 위해 포르핀 색소를 폴리머, PMMA, PVOH에 용해한 시료에 대하여 그 Debye-Waller 인자의 온도 의존성을 구했다[7].

그림 12-4의 실선은 식 (12.1)을 측정값에 맞춘 것으로, 포논주파수 ν 로서 13cm^{-1}(PMMA), 25cm^{-1}(PVOH), 또 S_0 로 하여 양쪽 시료에서 0.2가 얻어졌다. 이 포논 주파수는 그림 12-2(b)에 나타나 있는 PSB의 피크 주파수에 거의 일치하고 있다. 비교적 낮은 온도에서 ZPL의 소멸이 PMMA에서 엿보이는 것은 PSB의 피크 주파수가 PMMA에서는 낮은 사실에 귀착된다. 보다 고온까지 ZPL의 기여를

남기기 위해서는 이 피크 주파수가 높은 폴리머를 개발할 필요가 있다. 표 12-1은 홀버닝 분광법을 사용하여 각종 폴리머의 피크주파수 (이를 boson peak라 한다)를 측정한 결과이다.[8]

흥미로운 결과로, 수소 결합을 갖는 폴리머에서는 이 피크 주파수가 높아지는 경향이 있음을 알 수 있다. 현재까지의 측정에서는 $30cm^{-1}$를 넘는 피크 주파수를 갖는 폴리머는 애석하게도 발견되지 않았다. 폴리머에서 피크 주파수에 상한이 있다고 한다면 PHB 개발 지침은 S_0(Huang-Rhys 인자)가 보다 작은 계를 개발하는 데 있다. 색소 단백질에서 S_0가 매우 작다는 사실을 후술하겠는데, 그에 앞서 이 보손 피크(boson peak)의 기원에 관해서 고찰해 보겠다.

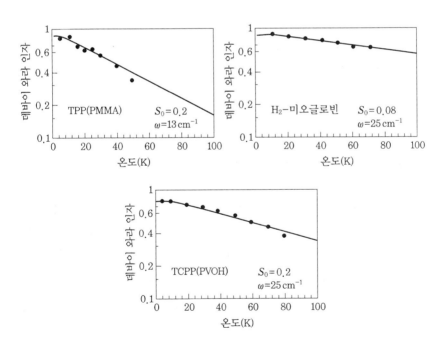

그림 12-4　TPD/PMMA, TCPP/PVOH 수소치환 미오글로빈에서의 데바이 와라 인자의 온도 의존성

표 12-1 보손 피크의 플리머 의존성

폴리머	구조식	보존피크의 파수(cm^{-1})
1. 폴리스티렌	$(CH_2CHC_6H_5)_n$	14 ± 1
2. 폴리메틸메타크릴레이트	$(CH_2CCH_3CO_2CH_3)_n$	13
3. 폴리에틸메타크릴레이트	$(CH_2CCH_3CO_2C_2H_5)_n$	13
4. 폴리부틸메타크릴레이트	$(CH_2CCH_3CO_2C_4H_9)_n$	16
5. 폴리라우릴메타크릴레이트	$(CH_2CCH_3CH_2C_{12}H_{25})_n$	16
6. 폴리아세트산비닐	$(CH_2CHO_2CCH_3)_n$	12
7. 폴리히드록시에틸메타크릴레이트	$(CH_2CCH_3CO_2C_2H_4OH)_n$	23
8. 폴리비닐알코올	$(CH_2CHOH)_n$	25
9. 폴리아크릴산	$(CH_2CHCOOH)_n$	25
10. 우레아수지		23
11. 딕스트란	$(C_6H_{10}O_5)_n$	30

12·6 보손 피크와 프랙탈 구조

3종류의 폴리머, 우레아(urea) 수지, 에폭시 수지, PMMA의 저주파 라만산란 스펙트럼을 그림 12-5에 도시했다. 또 그림 12-5에는 같은 폴리머에 도브한 색소의 홀버닝 스펙트럼도 표시되어 있다. 이 라만 산란 스펙트럼의 해석으로 폴리머의 저주파 진동 모드의 상태밀도에는 두 edge가 존재하고 그 중간 파수역에서는 ω^μ 법칙이 성립하는 것을 알았다.

이와 같은 특징은 글라스 물질의 특유한 것으로, 결정이 되면 손실되는 것으로 알려져 있다. 이 특징은 폴리머가 프랙탈(fractal) 구조를 취한다고 가정하면 설명이 가능하고, 두 edge는 프랙탈 구조의 특징이 그 진동 모드인 프랙폰의 상태밀도에 반영될 때의 주파수 경계이다. low frequency fracton edge (lfe), high frequency fracton edge (hfe)에 대응한다고 생각 된다[8].

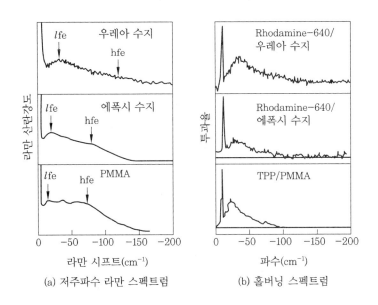

(a) 저주파수 라만 스펙트럼   (b) 홀버닝 스펙트럼

그림 12-5 **3종류의 폴리머, 우레아 수지, 에폭시 수지, PMMA에서의 라만 스펙트럼과 홀 스펙트럼**

글라스 시료의 라만 스펙트럼에 나타나는 저주파수의 피크는 곧잘 boson peak로 불리어 지고 있다. 이 명칭의 유래는 고온에서 오히려 현저한 이 피크가 저온으로 됨에 따라 불명확하게 되는데서 기인한다. 이 변화는 라만 산란강도의 식에 포함되는 보손 인자의 온도 의존성에서 생기고 있다. 위의 예로 DMMA에서의 라만 스펙트럼 온도 변화를 그림 12-6에 도시하였다. He 온도에서는 보손 피크가 외견상 소멸되어 있다. 그러나 계산에 의해서 보손 인자를 제외한 reduced Raman Spectrum은 온도에 상관없이 일정한 것으로 밝혀져 실온에서 He 온도에 걸쳐 폴리머 구조는 변화되지 않았음이 예상된다.

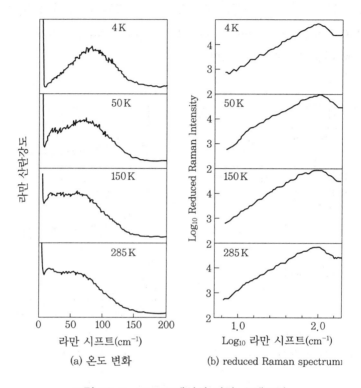

(a) 온도 변화   (b) reduced Raman spectrum

그림 12-6   PMMA에서의 라만 스펙트럼

그림 12-5의 라만 스펙트럼과 홀버닝 스펙트럼의 비교로 PSB의 피크는 폴리머의 boson peak, 즉 lfe에 대응하고 있음을 알 수 있다.

lfe는 프랙탈로 간주할 수 있는 최대 상관 길이와 관계 있으며 그 주파수는 음속을 그 상관 길이로 나눈 값으로 추정할 수 있다. 폴리머에서 최대 상관 길이란, 폴리머 속에 만들어지는 공극(void)의 지름에 대응한다고 생각된다. PMMA의 경우 관측된 보손 피크의 주파수로부터 그 공극의 크기는 40 Å 정도인 것을 알게 되었고, 포르핀 색소의 크기가 13 Å 인 것을 생각하면 색소는 이 공극 속에 무리 없이 수납되어 있는 것이 된다.

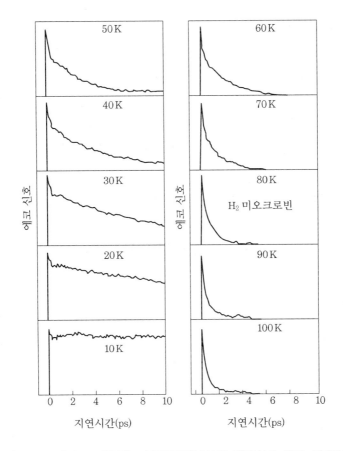

그림 12-7 **수소로 대치한 미오글로빈에서의 에코신호 온도 의존성**

1fe는 PSB 스펙트럼에 현저하게 나타나있지만 hfe는 PSB 스펙트럼으로는 식별되지 않는다. 이것은 광흡수에서의 1차 전자격자 상호작용 결합계수와 라만 산란에서 결합 계수의 주파수 의존성이 다르기 때문인 것으로 생각된다.

PHB 재료 개발의 한 가지 지침은 가급적 고온까지 Debye Waller 인자가 큰 물질을 발견하는 데 있지만 그러기 위해서는 식 (12.1)이 표시한 바와 같이 S_0이 작고 또한 ν이 큰 물질을 개발할 필요가 있다. ν의 값은 폴리머의 공극 크기에 관계가 있으므로 가급적 색소를 짙게 포섭한 폴리머가 유효하다.

또 Huang Rhys 인자 S_0는 광들뜸에 따르는 단열 포텐셜의 평형점 시포트와 관계가 있으며, 격자 변형이 일어나기 어려운 폴리머가 바람직하다. 격자 변형을 야기하는 이 물리적 기구는 아직 밝혀지지 않았으나 광들뜸에 따르는 색소의 쌍극자 능률 변화의 크기와 공극 내면의 폴리머 쌍극자 능률 값이 중요하다는 것은 예상된다. 이와 같은 사실도 천연으로 존재하는 색소단백질은 전자격자 상호작용에 약한 이상적(理想的)인 계인 것으로 믿어진다.

12·7 수소 치완 색소 단백질에서의 전자격자 상호작용

미오글로빈(myoglobin), 시토크롬(cytochrome)-C로 대표되는 색소 단백질은 천연으로 존재하는 색소·폴리머계이고, 중심의 헴 (heme)은 단백의 폴리 펩티드 사슬(polypeptide chain)에 의해서 짙게 둘러싸여 있다. 이 폴리펩티드 내부는 사슬의 내부는 환경에 있고 이 포켓에 흡취되어 있는 포르필린의 곁사슬도 소수기만으로 되어 있다.

한편, 폴리펩타이드 사슬의 바깥쪽은 친수적이고 소수 결합에 의해서 친밀한 구조가 형성되어 있다. 즉, 이상적인 소수적 개실화(個室化)가 이루져 있는 계라 할 수 있다. 헴은 둘러싼 포켓(공극)의 지름이 작고, 헴과 폴리펩티드 사슬과의 쌍극자-쌍극자 상호작용이 약하므로 이 계의 전자격자 상호작용은 매우 약할 것으로 기대된다.

색소 단백질을 PHB 재료로 사용하기 위해서는 헴의 중심에 있는 철원자를 제거하여 무복사 천이를 억제할 필요가 있다. 그림 12-7은 수소 치환한 미오글로빈(myoglobin)의 포튼 에코신호를 나타낸 것이다[9]. 이 시료로는 90 K 이상에서도 제로 포논선의 지수함수적 감소가 관측 가능하고 포논 사이드밴드의 기여는 매우 적다. 이것은 이 계가 1차의 전자격자 상호작용이 매우 약한 계라는 것을 뜻한다. Debye-Waller 인자의 온도 의존성이 그림 12-4에 게시되어 있으며, 이 시료는 이제까지 알려져 있는 색소, 폴리머계 시료 중에서 가장 큰 α의 값을 77 K에서 나타내고 있다.

외야석 레이저광을 이용한 터널공사

레이저광을 이용한 터널공사라고 해서 레이저의 파워로 직접 터널을 파고 들어가는 것은 아니다. 이것은 레이저 빔을 하나의 조준으로 이용하여 지하를 파고 들어가는 터널이 목표로 하는 방향으로 정확하게 진행하고 있는가를 확인하는 일종의 센서 시스템이다.

일반적으로 터널을 파고 들어갈 때 그 입구와 출구는 사전에 정해져 있으므로 방향과 높낮이를 3각 측량법으로 측정한다. 다음에 이러한 계측값을 바탕으로 두 기준점에 의해서 입구에서 출구까지의 방위와 위치를 산출하여 그 데이터를 바탕으로 터널 굴삭공사를 진행하게 된다.

이 경우 터널의 길이가 비교적 짧은 경우에는 그다지 문제가 되지 않지만 영국과 프랑스 간의 도버해협의 해저터널처럼 거리가 긴 경우 도중에 여러번 경위의 (theodolite)로 굴삭 방향이 정확한지를 점검해야 한다. 또 길이가 긴 터널은 입구와 출구 양쪽에서 파고 들어가는 것이 일반적이므로 그 측정이 정확하지 못하면 고생해서 굴삭한 터널이 중간에서 엇갈려 다시 굴삭해야 하는 어려움에 처하게 된다.

레이저 경위의는 그 경위의에 사용하는 망원경에 레이저 발진장치를 장치한 것인데, 이 망원경으로 목표점 (타겟)을 노려 굴삭을 진행하면 늘 정확한 방향으로 굴삭해 나갈 수 있다.

또 연약한 지반의 터널 공사에 많이 사용되는 실드공법에도 레이저가 사용되고 있다. 이 공법은 실드머신 (shield machine)이라는 원통 모양의 터널 굴삭기를 사용하여 땅 속을 파 들어가는 굴삭법으로, 구조적으로는 터널과 같은 크기의 원통형 기재 앞쪽에 강대한 블레이드 (blade)를 장착하여 그것을 회전시키면서 토사나 암석을 머신 후방으로 배출하면서 파 들어간다.

그림 1과 같이 레이저 광선을 굴삭방향에 맞추어 조사하도록 사전에 레이저 장치를 설정하고, 이 빔을 실드머신 후방에 있는 오리피스 (orifice : 조준용 작은 구멍)를 거쳐 PSD (위치검출 센서)를 수광한다.

수광된 레이저 빔이 PSD의 4분할 센서에 균등하게 조사되었으면 실드 머

신의 굴삭 방향이 정확하다는 것을 뜻한다. 그러나 어느 한 쪽으로 치우친
경우는 굴삭 방향이 정확하지 않으므로 그것을 수정하는 방향으로 실드머신
을 컨트롤하여 자동 제어계를 이용, 늘 레이저 광선이 지시한 방향으로 파고
들어가도록 되어 있다.

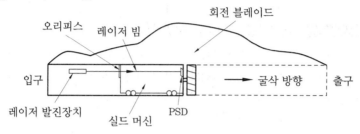

그림 1   레이저 빔을 이용한 실드머신의 굴삭

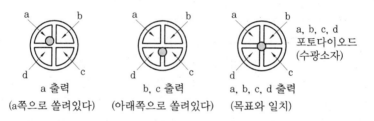

그림 2   PSD(위치검출 센서)와 레이저 빔의 관계

12·8   맺는말[10)

포톤 에코 분광법을 구사하여 PHB 재료를 연구해 왔다. 특히 폴리
머가 갖는 저수파수 모드 분포가 포논사이드 밴드 스펙트럼으로부터
얻어지는 사실에 주목하여 PHB 광메모리 모체 (母體) 재료로서의 폴
리머 특징을 규명해 왔다. 1차 전자격자 상호작용은 색소 단백질로
실증이 가능했던 것처럼 색소를 둘러싼 폴리머의 구조를 제어하면
(예를 들면, 소수적 개실화를 이용하여) 그 결합계수 (Huang-Rhys 인

자)를 상당히 작게 할 수 있음을 알았다.

또 아포미오글로빈에 흡수되는 색소를 프로트 포르필린에서 다른 포르필린으로 바꿈으로써 제로페논 선폭을 좁게 할 수도 있다. 예를 들면, 메소프로필린을 사용한 경우 그 선폭은 질소 온도로 5cm^{-1} (전폭) 이하가 된다 (사이칸 세이시로/도후쿠대학 이학부).

참고문헌

1) Saikan, S., Miyamoto, H., Tosaki, Y. and Fujiwara, A. : *Phys. Rev.*, B **36**, 5074–5077 (1987)

2) Saikan, S., Fujiwara, A., Kushida, T. and Kato, Y. : *Jpn. J. Appl. Phys.*, **26**, L 941–944 (1987)

3) Saikan, S., Uchikawa, K. and Ohsawa, H. : *Opt. Lett.*, **16**, 10–12 (1991)

4) Uchikawa, K., Ohsawa, H., Suga, T. and Saikan, S. : *Opt. Lett.*, **16**, 13–14 (1991)

5) Saikan, S., Nakabayashi, T., Kanematsu, Y. and Tato, N. : *Phys. Rev.*, B **38**, 7777–7781 (1988)

6) Saikan, S., Imaoka, A., Kanematsu, Y. and Kishida, T. : *Chem. Phys. Lett.*, **162**, 217–221 (1989)

7) Saikan, S., Imaoka, A., Kanematsu, Y., Sakoda, K., Kominami, K. and Iwamoto, M. : *Phys. Rev.*, B **41**, 3185–3189 (1990)

8) Saikan, S., Kishida, T., Kanematsu, Y., Aota, H., Harada, A. and Kamachi, M. : *Chem. Phys. Lett.*, **166**, 358–362 (1990)

9) Lin, J. W-I., Tada, T., Saikan, S., kushida, T. and Tain, T. : *phys. Rev.*, B **44**, 7356–7361 (1991)

10) Saikan, S. : *J. Luminescence*, **53**, 147–152 (1992)

제13장 엑시머 레이저 리소그래피

13·1 머리말

반도체 집적회로의 높은 접적화와 고성능화는 빛을 이용한 포토리소그래피의 해상도 향상에 의해서 가능하게 되었다고 해도 과언이 아니다. 일반적으로 광 리소그래피 해상도 R과 초점 심도 DOF는 다음 식으로 표시된다.

$$R = K_1 \cdot \lambda / NA \cdots\cdots\cdots\cdots (13.1)$$

$$DOF = K_2 \cdot \lambda / NA^2 \cdots\cdots\cdots\cdots (13.2)$$

여기서 NA는 렌즈 개구수, λ는 노광 파장이고 K_1, K_2는 프로세스 계수라는 상수이다.

식 (13.1)로 분명하듯이, 해상도 R을 작게 하려면 파장 λ를 작게하거나 개구수 N을 크게 할 수 밖에 없다. 한편, 식 (13.2)로 미루어 개구수 증가 기법은 초점 심도의 대폭적인 저하를 초래하여 디바이스 작성 때 여유도 저하가 발생한다. 즉, 파장 λ의 감소가 일반적인 해상성 향상 기법인 것을 알 수 있다.

엑시머 레이저 노광의 경우는 노광 파장이 극히 짧기 때문에 노광 광원으로 초고압 수은등의 g (436 nm)선이나 i (365 nm)선을 사용한 재래형 노광기술과 비교하여 월등하게 높은 해상도를 기대할 수 있다[1,2].

 엑시머 레이저는 가스를 배합하여 다양한 파장의 자외선을 얻을 수 있다. 예를 들면, XeCl (308 nm), KrF (248 nm), ArF (193 nm)를 들 수 있는데 이 중에서도 KrF가 발진효율이 우수하고 레지스트 재료도 개발 가능성이 크다.

 엑시머 레이저 리소그래피에서 장치 구성은 렌즈 재료의 한정으로 단색 렌즈, 협대역화 레이저 조합이 불가결하다. 단색 대면적 높은 개구수(NA) 렌즈, 협대역화 레이저 개발이 현재 적극적으로 추진되고 있다.

 스태퍼로서의 엑시머 레이저는 협대역화와 장기 안정성과 관련되는 스펙트럼 선폭의 품질문제를 중심으로 레이저 본체의 소형화 등에 관한 공업적 실용성을 향한 검토가 진행되고 있다.

 한편, 이제까지의 노보라크계 포지형 레지스트는 그 높은 흡수 때문에 양호한 형상의 패턴을 형성할 수 없으며, 재료 선택에 의한 높은 투명성 확보와 표면에 형성되는 난용화층 연구[3~5], 신규 콘셉트 개척[6~12] 등 현재 활발하게 연구 개발이 진행되고 있는 단계이다.

 이 글에서는 MDRAM 0.3 μm CMOS에 대응하는 리소그래피의 기본이 되는 KrF 엑시머 레이저 리소그래피와 256 MDRAM 이후의 쿼터 미크론 리소그래피에의 응용에 기대되는 ArF 엑시머 레이저 리스그래피 개발과정과 현실에 대하여 기술하겠다.

13·2 KrF 엑시머 레이저 리소그래피

(1) KrF 엑시머 레이저 스태퍼

 일반 KrF 엑시머 레이저의 경우 보통 발진 스펙트럼의 반값 전폭 (FWHM)은 약 0.2~0.3 nm이다. 하지만 대면적 노광이 가능한 엑시머 레이저 스태퍼를 실현하기 위해서 엑시머 레이저의 발진 스펙트럼 폭이 단색광에 가까운 정도까지 협대역화되어 있지 않으면 안 된다. 왜

냐 하면, 그림 13-1에 보인 바와 같이 단파장 영역에서 투명도가 높은 초재(硝材)는 합성석영과 형석(螢石) 두 종류 밖에 없고, 더욱이 형석 은 렌즈 연마가 어렵고 색소(色消)가 실용적이지 못하기 때문이다.

엑시머 레이저의 경우 단색화하는 방식으로는 인젝션 로킹법과 파장 선택소자(에타론과 글레이딩 등 복수의 조합)를 사용하는 방법이 있다.

그래서 엑시머 레이저 발진 스펙트럼 폭을 협대역화하는 방법으로 에타론을 사용하는 방법을 채택하고, 스펙클이 발생하지 않은 범위에 서 엑시머 레이저 발진 스펙트럼 협대역화를 시도했다.

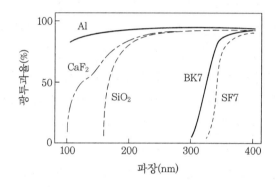

그림 13-1 **각종 광학재료의 광투과성**

그림 13-2는 시험 제작한 KrF 엑시머 레이저 스태퍼의 개념도이 다. 레이저 본체와 스태퍼 본체(축소 투영 렌즈, 아라이 멘트 광학계 및 XYZ 스테이지)는 두 방진대로 서로 분리되어 있다. 또 레이저 스펙 트럼 폭을 협대역화하기 위한 에타론은 레이저 케비티 속과 케비티 앞에 각각 설치되어 있다.

레이저는 협대역화된 후 2장의 반사 거울로 굽혀져 인테글레이터 에 의해 확대 균일화된다. 다음에 대형 전반사 거울에 의해 굽혀져 석영 콘덴서 렌즈로 유도되어 석영 레티클을 조사한다. 따라서 레티 클 패턴이 석영제의 축소 투영렌즈에 의해 스테이지 상의 웨이퍼 표면에 결상된다.

또 사용한 레이저는 스태퍼용으로 특별히 설계한 소형 방전 들뜸형이었고, 그 시방은 표 13-1과 같다. 레이저 헤드는 세라믹으로 만들어지고 쉽게 교환할 수 있도록 가스 브로워에서 분리되어 있다. 사이즈는 표준 제품에 비해 약 1/4이다. 파워는 정격 200 Hz, 8 W, 40 mJ이며 수명은 50%의 파워 열화점으로 하면 약 10^9펄스이다. 또 2장의 에타론을 사용함으로써 FWHM이 0.005 nm 이하의 빛이 얻어지지만 진폭을 포함하면 0.007 nm였다.

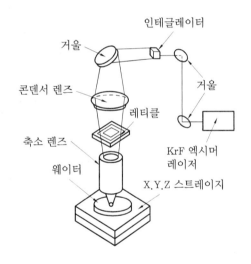

그림 13-2 **KrF 엑시머 스태퍼의 장치 개념도**

사용한 축소 투영렌즈는 색보정이 없는 올 석영제이고 그 시방은 렌즈 개구수 (NA) 0.36, 축소비율은 5분의 1, 노광에어리어는 15×15 mm 각이다. 또 NA 0.36은 이번에 개발한 레이저를 안정적으로 사용할 수 있는 FWHM의 한계가 0.007 mm인 것을 참작하여 결정했다.

작금에 이르러서는 FWHM을 0.003 nm 이하의 높은 정밀도의 협대역을 갖고 또한 200 Hz, 10 W 이상의 고출력을 갖는 KrF 엑시머 레이저가 발표 실용화되었다. KrF 엑시머 레이저에 관한 최근의 화제는 고출력화에 따른 협대역화 소자에 미치는 영향 경감에 있다.

협대역화 소자가 받는 데미지 (damage)를 경감하기 위한 어프로치 일환으로 PCR (Polarization Coupled Resonator) 방식을 설명하겠다[13]. 그림 13-3은 PCR 레이저의 구성도이다.

표 13-1 **노광용 엑시머 레이저의 시방**

항 목	스페크
파장(KrF)	248.4 nm
반값 전폭	0.007 nm
반값 전폭 안정성	±0.001 nm
발진 주파수	max. 200 pps
펄스 에너지	40 mJ
펄스 에너지 안정성	± 5%
조 도	max. 8 W
조 도 안정성	± 2%
가스 수명	3×10^9 pulse
레이저 사이즈	300×500×1000 mm

PCR 레이저는 레이저 성분이 P편광과 S편광으로 구성되는 점에 착안하여, 비율이 작은 P편광파만을 협대역화하고, Phase Retarder Prizm으로 P편광을 S편광으로 변환하여 증폭, 고출력을 얻는 것이다. 상기 기법으로 협대역화 소자 (에타론)에 가해지는 부하는 이전보다 15% 정도로 경감이 가능하여 결과적으로 고출력화에 대응한 협대역화 시스템이 완성, 실용화의 길이 열렸다.

스태퍼 시스템에 있어서도 렌즈 가공기술의 발달로 화상각 20 nm 각, NA 0.4 이상의 시스템이 실용화되게 되었다[16].

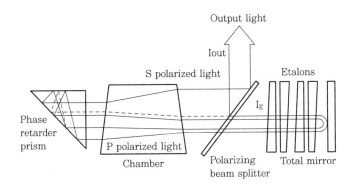

그림 13-3 **PCR 레이저의 장치 개념도**

(2) 고분해능 레지스트

엑시머 레이저를 사용한 리소그래피에는 그에 적응한 레지스트가 필요하다. 현재 판매되고 있는 나프트 키논 지아지드 · 노보락 수지계 포지형 원자외선 레지스트는 KrF 엑시머 레이저에 강한 흡수를 나타내기 때문에 양호한 레지스트 패턴은 얻을 수 없다.

위의 문제점을 해결하는 방법으로, 재료를 탐색하여 투과율을 향상시키는 고투명성형과 산발생제를 사용한 화학 증폭형 등 두 종류의 어플로치가 제안되어, 각각 포지형 네가형 쌍방의 레지스트가 검토되고 있다.

① 고투명성 레지스트

고투명성형의 예로 3-디아조-2, 4-디온 화합물(1, 7-bis(3-chlorosulfonyl-4-methylphenyl)-4-diazo-3, 5-heptanedione)과 KrF 엑시머 레이저의 파장 부근에서 높은 투과율을 갖는 알카리 가용성 스틸렌계 폴리머(스틸렌과 마레인산의 하프에스테르)를 사용한 포지형 레지스트(STAR-P(STyrene Polymer based Alkaline-soluble Resist-Positive))를 소개하겠다. 감광성 화합물 및 폴리머의 화학 구조식을 그림 13-4에 보기로 들었다.

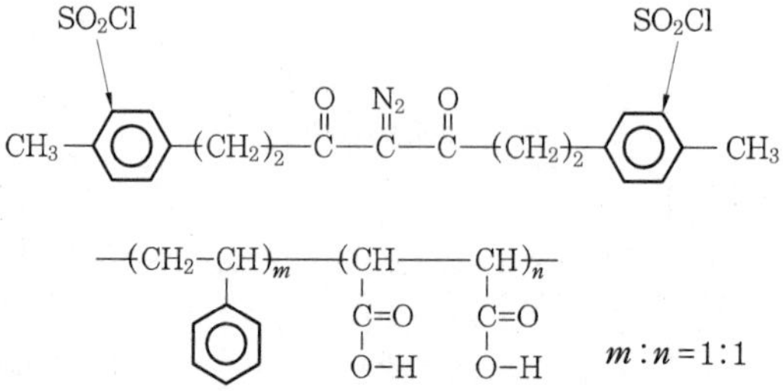

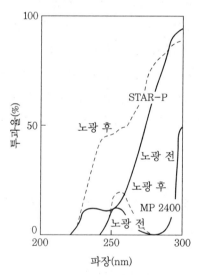

그림 13-4 **감광성 화합물, 폴리머의 화학구조식**

STAR-P 및 종전의 원적외선용 레지스트 (MP 2400 : 시플레이사)의 노광 전후의 UV분광 스펙트럼을 그림 13-4에 보기로 들었다. 248 nm 에서의 투과율은 노광 전이 15 %, 노광 후가 45 %이며, 30 % 이상의 큰 투과율 변화가 발생한 것을 알 수 있다.

그림 13-5 **STAR-P의 UV 스펙트럼**

그림 13-6은 STAR-P의 조명 특성도이다. 콘트라스트, 감도는 각각 2.5, 140 mJ/cm²로, 종래의 레지스트 (MP2400)와 비교하면 감도는 약 1.5배이지만 패턴 프로파일을 나타내는 콘트라스트 값은 약 2.5배로 높다.

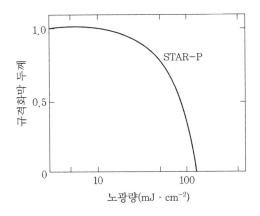

그림 13-6 **STAR-P의 조명특성**

콘트라스트의 높은 값이 기록되는 것은 폴리머가 248 nm로 높은 투과율을 보유하고 감광제도 KrF 엑시머 레이저 노광으로 높은 투과율 변화를 발생하기 때문이라 생각된다. 막 두께가 1 μm임에도 불구하고 높은 아스펙트비 (aspect ratio)를 갖는 0.5 μm 라인 엔드 스페이스의 서브미크론 패턴이 형성되었다.

최근에는 투명성에 구애됨이 없이 표면 난용화층에 착안한 계가 개발되었으나 패턴 형상, 해상성, 감도 등 실용화 수준의 도달은 어려운 것으로 생각된다.

② **화학 증폭계 레지스트**

위에 기술한 문제점을 해결하는 수단으로, 산에 의한 연쇄 반응을 이용한 새로운 레지스트계가 제안되었으며, 이것이 화학 증폭계 레지스트이다.

화학 증폭계 레지스트는 본래 IBM의 Ito와 Willson이 'Chemical Amplification'의 명명과 함께 산촉매 반응을 이용한 레지스트계를 제창한[6] 것에서 비롯된다. 한편 그 원형이 된 것은 Crivello의 오늄염에 관한 연구[15]였다고 할 수 있다.

산을 촉매로 사용하는 화학 증폭계 레지스트의 장점은 발생한 산이 다수회의 반응을 야기하는 것이 가능하기 때문에 (그림 13-7) 1 이상의 양자수율을 얻는 것이 가능하고 고감도화가 용이한 점 등을 들 수 있다. 또 화학 증폭계에서는 산의 연쇄 반응을 이용하기 때문에 이전만큼의 높은 투명성을 필요로 하지 않는 장점이 있다.

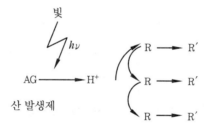

그림 13-7 화학 증폭계 레지스트의 작용원리

화학 증폭계 레지스트는 그 특성상 네가형, 포지형으로 양분된다. 네가형 레지스트는 알칼리 가용성 폴리머, 산 발생제, 중합 개시제로 구성된다. 또 포지형에 대해서는 산 발생제, 기능성 폴리머로 구성되는 2성분계와 산 발생제, 용해 저해제, 알칼리 가용성 폴리머로 구성되는 3성분계로 2분된다.

일반적으로 네가형 레지스트는 원래 역테이퍼 형상을 갖기 쉽고 또 콘텍트홀 형성 공정의 머신(machine)이 작아 실제 프로세스에 대한 적응성이 떨어진다. 따라서 포지형 레지스트의 빠른 개발이 기대되지만 3선분계는 고투명성형 레지스트와 마찬가지로 투명성이 높은 용해 저해제의 재료 선택이 어려워 실용화에는 아직 시간이 필요하다. 이 글에서는 2성분 포지형 레지스트에 한정하여 그 원리와 이론을 기술하겠다.

2성분 포지형 레지스트로 많이 알려져 있으나 폴리비닐페놀의 수산기를 터셜브톡시카르보네이트 (t-BOC)기로 보호한 폴리머와 트리페닐슬호늄염으로 대표되는 오늄염으로 구성되는 것으로, 그림 13-8에 보인 노광부에서 발생한 산이 노광후 가열처리 프로세스(PEB) 중에 t-BOC기를 공격하여 수산기를 발생시킨다. 따라서 노광부는 알칼리 수용액에 쉽게 용해하여 결과적으로 포지형 패턴을 형성한다. 몇 해 전에는 t-BOC기 대신에 트리메틸시릴기[8]와 테트라 히드로 피라닐기[9]를 사용한 예도 보고되었다.

한편, 오늄염으로 대표되는 산발생제이지만 원래 안정성이 떨어지는 점과 분자 중에 안티몬, 비소 등의 중금속을 함유하여 반도체 소자의 성능에 나쁜 영향이 예상되어 니트로 벤질 트시레이트 화합물[10]과 슬폰산계 화합물[11] 등을 응용한 보고도 있다.

이처럼 화학 증폭계 레지스트는 고감도 고해상성이 쉽게 실현되므로 현재 개발의 주류를 이루고 있다.

한편, 화학 증폭계 레지스트의 결점으로는 안정성, 특히 노광에서 PEB까지의 시간에 관계된 태턴 형성의 열화, 감도변동이 존재하는 점[16], 투명성 향상과 기판 반사의 증가로 초래되는 다중 간섭파 효과의 증가[17] 등이 보고되었으며, 양산 전개에는 앞으로 개발 전개에 기대하는 바가 크다. 그러나 전술한 높은 투명성형 레지스트와 비교하여 실용화의 가능성은 높다.

산발생제의 화학반응

$$Ar_3S^+MX_n \rightarrow Ar_2S + HMX_n + others$$
$$MX_n = BF_4,\ PF_6,\ AsF_6,\ SbF_6,\ CF_3SO_3\ 등$$

폴리머의 화학반응

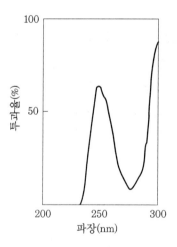

그림 13-8 **화학 증폭계 레지스트의 반응 원리도**

다음은 화학증폭계 포지형 레지스트 ASKA (alkaline soluble kine·
matics using acid generator positive resist)[12]를 예로 현실과 문제점
을 기술하겠다.

실험에 사용한 레지스트 막 두께는 1.0μm였다. 노광은 개구수 (NA)
0.42의 KrF 엑시머 레이저 스태퍼를, 레이저는 위의 항에서 소개한 주파
수 200 Hz, 출력 4 W를 갖는 PCR (polarization coupled resonator)[15]을
사용했다.

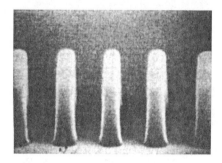

그림 13-9 **ASKA의 UV 스펙트럼**　　그림 13-10 **ASKA의 패턴 사진**
(0.3μm L/s)

그림 13-9는 ASKA의 UV 분광 스펙트럼도이다. 248 nm에서의 투과율이 약 65%이고, 이 값은 종래의 일반적인 화학증폭계 레지스트의 투과율과 비교하여 약 20% 향상된 양호한 값이다. 이것으로 해상성, 패턴 형성의 향상이 기대된다.

그림 13-10은 ASKA의 패턴 SEM 사진이다. 수직 형상의 0.3 μm 해상성을 갖는 것을 알 수 있다. 이러한 SEM 사진으로 계산되는 프로세스계수 K_1은 0.5이고, 종래의 g 또는 i선 초고해상도 레지스트와 동등한 프로세스 계수를 갖는 것을 알 수 있다.

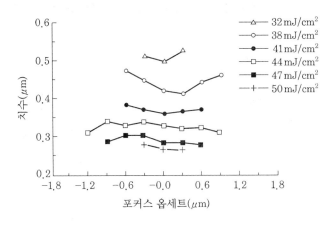

그림 13-11 **ASKA의 포커스 특성**

그림 13-11은 포커스 특성도이다. 0.4 μm 패턴에서 ±1.0 μm 이상의 큰 초점심도를 갖는 것을 알 수 있다. 포커스 특성으로 계산되는 프로세스 계수 K_2는 약 0.7이 되고, 이 값은 g 또는 i선 초고해상도 레지스트 ($K_2 = 0.6$)를 넘는 양호한 값이다.

일반적으로 화학증폭계 레지스트는 안정성 (노광에서 PEB까지의 시간에 대한 치수 변동이 크다)에 결점이 있다. 특히 포지형 레지스트의 경우 표면에서의 산방출로 인한 용해속도 저하가 표면 난용화층을 형성하여 결과적으로 패턴 형상과 감도에 영향을 미친다.

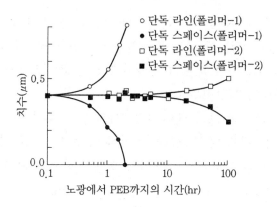

그림 13-12 **폴리머의 차이에 따른 0.4 μm 패턴의 치수 변화**

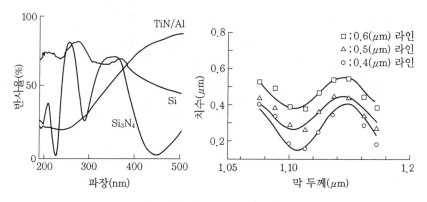

그림 13-13 **대표적인 기판의 반사율**　　　그림 13-14 **ASKA의 정재파 효과**
　　　　　　　　　　　　　　　　　　　　　　　　　　(Si 기판상)

　그림 13-12는 폴리머 차이에 따른 0.4 μm 패턴의 치수 변화도이
다. 폴리머를 최적화함으로써 10시간 이상의 안정성을 얻었다. 현재
는 재료 조성분을 다시 검토하여 양산 수준(20시간 이상) 달성을 목
표로 검토가 진행되고 있다.

　마찬가지로 전술한 바와 같이 원자외선 영역에서는 기판으로부터
의 반사율이 높아져 다중 간섭이 발생함으로써 레지스트 막 두께의
미소 변동에 수반하는 감도, 치수변동(정재파 효과)이 종래 레지스트

와 비교하여 월등하게 커진다. 그림 13-13에 대표적인 기판의 반사율
파장의존성을 보기로 들었다. Si 기판과 Si$_3$N$_4$ 기판에서는 70 % 이상
의 매우 높은 값을 나타냈다. 한편, Al 기판상에 반사 방지막으로
TiN을 성막(成膜)한 기판은 20 %대로 낮은 값을 나타냈다.

그림 13-14는 Si 기판 위에 형성한 ASKA의 정재파 효과를 보인 것
이다. 벌크에 의한 치수 변화는 작지만 정재파로 인한 영향은 0.07 μm
정도로, 단차 기판 위에 패턴을 형성할 때 치수 변동이 큰 것을 알 수
있다. 마찬가지로 Si$_3$N$_4$ 기판 위에 형성한 경우도 ±0.07 μm 상당의
치수 변화가 관찰된다. 한편, TiN/Al 기판 위에 형성한 ASKA는 그림
13-15에 보인 바와 같이 정재파로 인한 치수 변화가 작은 것을 알 수
있다. 기판 반사율의 저하, 최적화가 필요하다고 생각된다.

레지스트 재료 쪽으로부터의 어플로치로서는 재료 선택의 최적화,
투명성의 최적화를 들 수 있다. 실용화 차원 (±0.05 μm)을 목표로 연
구가 진행되고 있다.

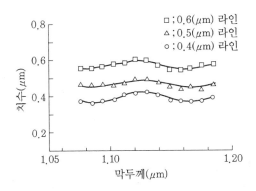

그림 13-15 ASKA의 정재파 효과(Tin/Al 기판 위)

이상 KrF 엑시머 레이저 리소그래피에 사용되는 레지스트 재료를 고투명형, 화학 증폭형으로 분류하여 그 개발 동향과 현실, 문제점을 소개했다. KrF 엑시머 레이저를 사용한 리소그래피는 앞으로 64 MDRAM 이후 디프 서브미크론 리소그래피의 주역일 것은 틀림이 없다. 레지스트 재료에 관해서도 화학 증폭계를 중심으로 개발이 더욱 활발하게 진행될 것으로 믿어진다.

13·3　ArF 엑시머 레이저 리소그래피

엑시머 레이저 리소그래피는 0.5 μm 이하의 서브미크론 VLSI에 있어서 가장 유망한 기술임을 설명해 왔다.

ArF (파장 193 nm) 엑시머 레이저 리소그래피는 쿼터 미크론패터를 형성할 수 있는 능력이 있다고 믿어진다. 어쩌면 광 리소그래피 최후의 기술이라고도 표현할 수 있어 ArF에 대한 기대가 크다. 그래서 여기서는 ArF 엑시머 레이저 리소 그래피의 가능성에 대하여 간단하게 연구 사례를 기술하겠다[18].

ArF 엑시머 레이저 투형 실험장치는 협대역화된 ArF 엑시머 레이저 광원, 콘덴서 렌즈, 인테그레이터, 구면 단색 굴절 투영 축소 렌즈와 X-Y-Z-θ 스테이지로 구성되어 있다. 빔 광도는 ArF의 대기 중 산소에 의한 흡수를 피하기 위해 질소 파지되어 있다.

설치된 단색 투영 렌즈는 5장의 합성 석영의 구면 렌즈로 구성된다. 렌즈 스펙 (lens spees)은 0.4, 축소율 0.5이고 노광면적은 1 mm 각이다. 현재로서는 최적한 레지스트가 없음에도 불구하고 0.25 μm 패턴 (pattern)이 얻어져 ArF 엑시머 레이저 리소그래피의 가능성이 실증되었다. 앞으로 ArF 엑시머 레이저 리소그래피에 의한 활발한 연구가 기대된다.

13·4 맺는말

이상 차세대 리소그래피의 주역이라 생각되는 엑시머 레이저 리소 그래피에 관하여 현상과 문제점을 구체적인 예를 들어 기술했다.

엑시머 스테퍼를 사용한 광 리소그래피 프로세스는 종래의 i 선이나 g 선 스테퍼의 그것과 아무런 변화가 없고 직묘형 (直描型) EB 노광이나 X선 노광 (SOR을 포함)에 비하여 기술적 장애는 훨씬 적다. KrF 엑시머 레이저 스테퍼를 사용함으로써 드루푸트는 현재의 스테퍼만큼 높은 드루푸트와 $0.4\,\mu$m 이하의 해상도가 충분히 얻어진다. 또 KrF 엑시머 레이저 스테퍼 (stepper)는 기본적으로 광기술의 연장선상에 있으므로 종래의 레지스트 프로세스 기술의 개량으로 충분히 대처할 수 있고, 양산 절개 때의 메리트도 크다. 앞으로 주변 기술이 완성된다면 64 MDRAM 이상의 대용량 메모리 디바이스에 충분 대응할 수 있을 것으로 믿어진다.

그리고 남은 문제는 얼라이먼트 (alignment) 정밀도 향상이 있다. 차세대 초초 LSI에는 실용 차원에서 $0.5\,\mu$m 해상도와 $\pm0.1\,\mu$m의 아라이먼트 정밀도가 요구되고 있다. 따라서 앞으로 노광기술을 생산공정에 도입해 나가기 위해서는 아라이먼트 정밀도 향상이 필요적이다 (다니 미사치 외 2인/마쓰시타 전기산업(주)).

참고문헌

1) V. Pol, J. H. Bennewitz, G. C. Escher, M. Feldman, V. A. Firtion, T. E. Jewell, B. E. Wilcomb, J. T. Clemens : Excimer laser-based lithography : a deep ultraviolet wafer stepper, Proc. of SPIE, **633**, p. 6 (1986)

2) M. Sasago, M. Endo, Y. Tani, H. Nakagawa, Y. Hirai, N. Nomura : New high transparent resist and process technology for KrF excimer laser lithography, Tech. Digest of IEDM, p.88 (1988)

3) H. Sugiyama, K. Ebata, A. Mizushima, K. Kate : Positive excimer laser resist using alihatic diazoketones, Tech, papers on Photopolymer, p.51 (1988)

4) Y. Tani, M. Endo, M. sasago and K. Ogawa : New positive resist for KrF excimer laser lithography, Proc. of SPIE, 1086, p.22 (1989)

5) 斉藤, 春日, 津守, 小久保, 石井 : キノンジアジド系エキシマーレーザー用ポジ型レジスト, 第39回半導体・集積回路シンポジウム講演論文集, **39**, p.7 (1990)

6) H. Ito, C. G. Willson : Applications of photoinitiators to the design of resists for semiconductor manufactureing, ACS Symp. ser., 242, p. 11(1984)

7) M. Murata, T. Takahashi, M. Koshiba, S. Kawamura, T. Yamaoka : Aquarious base developable novel-UV resist for KrF excimer laser lithography, Proc. of SPIE, 1262, p.8 (1990)

8) 上野, Hesp, 林, 鳥海, 岩柳 : エキシマーレーザー用ポジ型レジスト, 化学増幅系レジスト (1), 第36回 応用物理学関係連合講演会講演予稿集, p. 563 (1989)

9) T. X. Neenan, F. H. Houlihan, E. Rechmanis, J. M. Kometani, B. J. Bachman, L. F. Thompson : Chemically amplified resists : a lithographic comparison of acid-generating species, Proc. of SPIE, 1086, p.2 (1989)

10) L. Schlege. T. Ueno, H. Shiraishi, N. Hayashi, T. Iwayanagi : Determination of acid diffusion in chemical ampilfication positive resist, Tech. digest of Micro-Process, p.84 (1991)

11) Y. Tani, M. Sasago, N. Nomura, H. Fujimoto, N. Furuya, T. Ono, N. Horiuchi, T. Miyata : KrF excimer laser lithography with high sensitive

positive resist and high power laser, Tech, papers of 1990 VLSI Symp.,
91, p.9 (1990)

12) N. Furuya, T. Ono, N. Horiuchi, K. Yamanaka, T. Miyata : High-power
and narrow-band excimer laser with polarization-coupled resonator,
Proc. of SPIE, 1264, p.520 (1990)

13) T. Sato, T. Ono, T. Miyata, M. Yamamoto, S. Aoki, H. Nagano, S.
Kaino, S. Kimura, S. Mizuguchi, Y. Yamamoto, M. Sasago, N. Nomura,
Y. Shimada : KrF excimer laser lithography system for sub-half
micron devices, Tech. digest of MicroProcess, p.72 (1991)

14) J. V. Crivello : Possibilities for photoimaging using onium salt, polym.
Eng. Sci., **23**, p.953 (1983)

15) O. Nalamasu, M. Cheng, J. M. Kometani, S. Vaidya, E. Rechmanis, L.
F. Thompson : Development of a chemically amplified positive resist
material for single-layer deep-UV lithography, Proc. of SPIE, 1263,
p.32 (1990)

16) 長井, 谷, 遠藤, 笹子, 野村 : エキシマーレーザーによるサブハーフミ
クロンリソグラフィー (3) …定在波効果…, 第38回応用物理学関係連
合講演予稿集, p.494 (1991)

17) H. Nakagawa, M. Sasago, Y. Tani, M. Endo, K. Koga, Y.HIrai, N.
Nomura : ArF excimer laser projection lithography, Tech. papers of 1989
VLSI Symp., **90**, p.9 (1989)

홀로그래피

14·1 머리말

레이저 발진보다 2년 뒤진 1962년, 1948년에 D. Gabor에 의해서 제기된 홀로그래피(holography) 이론이 E. N. Leith와 J. Upatnieks에 의해서 레이저 홀로그래피로 실용의 길이 열려 많은 분야에서 사용할 수 있게 되었다. 이 장에서는 먼저 홀로그래피의 원리를 간단하게 기술하고, 이어서 홀로그래피가 어떠한 곳에 사용되는지를 전망하겠다. 끝으로 홀로그래피가 이용되는 경우의 중요 요소인 기록 재료의 현황에 관해서도 기술하겠다.

14·2 홀로그래피의 원리

홀로그래피는 강도 분포만을 기록하는 보통 사진과는 달리 물체로부터의 산란광 강도와 위상정보를 기록, 재생하는 방법이다. 코히어렌트(coherent)광으로, 물체에서 산란한 물체광과 참조광과의 간섭 줄무늬를 기록(홀로그램)한 다음 같은 참조광에 의해서 물체광의 파면을 재생한다.

그림 14-1(a)에 보인 바와 같이 레이저 등의 코히어런트광을 분할하여 한쪽은 물체를 조명하여 그 산란광(물체광)을 감광재료(건판)면에 입사시키고 다른 쪽은 평행광으로 한 후에 참조광으로 동일 건판면을 향해 입사시킨다. 건판면에서 물체광과 참조광이 간섭하여 간섭

줄무늬를 만들면 그 강도가 홀로그램으로 기록된다.

기록된 홀로그램으로부터의 물체상 재생은 그림 14-1(b), (c)와 같이 홀로그램에 재생광을 조사함으로써 물체 형상에 따른 파면을 발생시킬 수 있다. 즉 재생된 파면은 그 곳에 마치 물체가 존재하는 듯이 보이게 하고 있다.

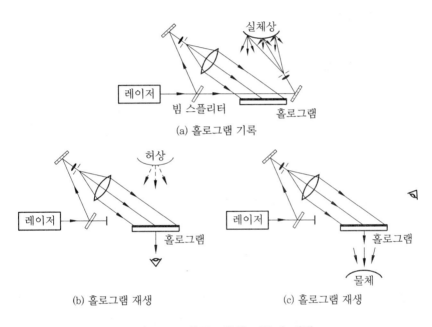

(a) 홀로그램 기록

(b) 홀로그램 재생   (c) 홀로그램 재생

그림 14-1 **홀로그램의 기록과 재생**

14·3 홀로그램의 응용 분야

홀로그래피의 가장 큰 특징은 영상적으로 물체와 전적으로 등가한 영상이 얻어진다는 점인데, 사용하기 편리한 홀로그래피 간섭장치의 개발에 힘입어 항공기, 자동차, 음향장치 등에서 먼저 이용되기 시작했다. 이런 가운데 백색광으로 재생할 수 있는 홀로그래피 기법이 출

현하여 다시금 입체 영상에 대하여 실용 가능성이 제기되었다. 그리하여 오늘날에 이르러서 홀로그래피 간섭 계측법은 완성역에 도달했고, 홀로그래픽·디스플레이도 과학적인 면과 예술적인 면에서 유용할 수 있게 되었다. 최근의 경향을 보면 홀로그래픽 광학소자의 실용화, 정보처리의 이용도 시도되고 있다. 이하 간섭계측, 디스플레이, 광학소자, 정보처리 순으로 간략하게 기술하겠다.

(1) 홀로그래피 간섭계

간섭계측을 크게 나누면 물체의 표면 형상에 따른 간섭줄무늬를 형성하여 형상을 측정하는 형상 측정·가열·가압 등에 의한 A상태에서 B상태로 일방적으로 변위하는 변형측정·가진(加振) 등에 의한 A상태와 B상태 간을 단시간에 교차로 변이시키는 진동측정 등이 있다.

홀로그래피 간섭은 이제까지의 간섭측정법, 예를 들면, 트와이만 간섭계(Twyman interferometer)와는 달리 동일 물에 대하여 변화 전과 후의 변화량을 측정할 수 있고, 게다가 거치른 면(粗面)도 상관없는 뛰어난 특징이 있다.

홀로그래피 간섭계측이 산업면에서 정착할 수 있었던 요인은 무엇보다도 사용하기 편리한 계측장치가 도입된 덕택이라 할 수 있다. 장치는 방진 테이블부, 공기 소란방지부, 레이저 광원부, 광학계부, 기록부, 기타로 구성되어 있다(그림 14-2 참조).

홀로그래피 장치가 여타 광학장치와 다른 점은 물체광과 참조광의 간섭줄무늬에 의한 기록이기 때문에 1/8~1/4 λ 정도의 방진성능과 공기소관 방지성능, 그리고 광원의 코히어렌트성을 필요로 하는 점이다. 장치를 도입하는 경우에는 이러한 점에 유의할 필요가 있다.

그림 14-2 **홀로그래피 장치**

그림 14-3 **뜨거운 물을 주입했을 때 티컵의 열변형 모습**

간섭계측을 실행하기 위해서는 각종 기법이 있으며 형상·변형·
진동 측정에 사용된다. 그 한 예로 티컵에 뜨거운 물을 부었을 때의
열변형 모습을 그림 14-3에 보기로 들었다. 티컵에 뜨거운 물을 부어
간섭 줄무늬를 발생시킨 후에 그 발생 상태를 관찰함으로써 컵의 가
장자리에 마이크로 크랙이 발생하는 모습과 손잡이에서 열이 방열되
는 모습을 시시각각 알 수 있다. 홀로그래피 간섭으로 종전에는 측정
할 수 없었던 형상이 복잡한 물체의 강성(剛性) 측정, 진동 해석과
비파괴 검사가 가능하게 되었다.

(2) 홀로그래픽 디스플레이

홀로그래피의 디스플레이 기법 중 대표적인 방법 셋을 소개하겠다.

● **단일 노광법** : 1회의 노광으로 단순하게 한 장의 홀로그램을 얻는 방법인데 그림 14-4에 준한다. 이 단일 노광에 의해서 물체의 형상을 3차원적으로 완전하게 기록 · 재생할 수 있다. 홀로그램의 크기는 클수록 넓은 범위의 입체상을 얻는다. 360° 방향에서도 볼 수 있게 한 홀로그램도 있다.

● **리프만 홀로그램** : 리프만 홀로그램 (Lippmann hologram)은 투명하고 두꺼운 유제에 두께 방향으로 간섭 줄무늬를 기록한 홀로그램으로, 그림 14-4에 기록법과 간섭 줄무늬 상태를 보기로 들었다. 이 기록법으로는 건판에 직접 부딪치는 광을 참조광으로, 건판을 통과하여 물체 표면에서 반사하여 건판 뒷면에서 조사되는 광을 물체광으로하여 간섭 줄무늬가 유제 속에 입체적으로 만들어진다.

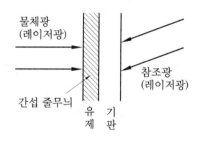

그림 14-4 **리프만 홀로그램의 기록**

입체적으로 만들어진 간섭 줄무늬는 브래그 (Bragg)의 회절격자를 형성하기 때문에 파장 선택성이 있고, 백색광으로 상을 재생할 수 있다. 이 방법은 빛의 이용효율이 좋고 시역 (視域)이 넓은 홀로그램이 얻어진다. 2단계로 홀로그램을 만듦으로써 재생상을 건판면보다 앞으로 튀어나오게 할 수도 있다.

● **멀티플렉스 홀로그램** : 먼저 피사체를 턴테이블 (turntable)에 올려 놓고 회전시키면서 카메라로 촬영한다. 이렇게 하면 시선 방향이 다른 일련의 사진이 얻어진다. 다음에 이 필름을 홀로그래픽 스테레오그램 (stereogram) 합성용 광학계 (光學系)에 의해서 합성한다. 시네 필름의 한 장면 장면이 세로로 가느다랗게 잡아늘여져 차례차례 홀로그램으로 기록된다. 만들어진 홀로그램을 원통상으로 하여 백색광으로 조명하면 원통 내부에 부상하여 보인다.

이 홀로그램의 큰 특징은 직접 레이저광으로 기록할 수 없는 인물과 풍경 등을 영화필름을 매개하여 홀로그램으로 할 수 있고, 느릿한 움직임이라면 움직임으로서 촬영이 가능한 점이다. 또 실존하지 않는 물체, 예컨대 컴퓨터 그래픽으로 기록된 도형을 홀로그램화하여 도형을 입체 표시하거나 의료 진단용 X선 CT, NMR 등의 단층 영상을 해석하여 몸 안을 구성하는 화소를 만들고, 그것을 홀로그램에 합성하여 인체 내부를 입체 표시한다. 그리고 분자 구조의 입체 표시 등을 할 수도 있다.

(3) 홀로그래피 광학소자

렌즈, 프리즘, 미러 (mirror) 등의 광학소자는 소자마다 하나의 기능 밖에 갖지 못하지만 홀로그램의 경우는 두 기능 이상을 발휘할 수 있는 광학요소로 활용할 수 있다. 콜리메이터 렌즈 (collimator lens)에 대하여 적용시키면 평행한 광선 (재생광)이 렌즈 (홀로그램)에 들어오면 (조사하면) 렌즈의 초점 위치에 빛이 집광한다 (물체광이 재생한다). 예를 들면 그림 14-5에 보인 바와 같은 경우에는 이제까지의 집광소자의 경우는 여러 개의 소자를 필요로 하였지만 홀로그래피를 이용하는 경우에는 그림 14-6(a)처럼 만든 단 1개의 홀로그램 소자로도 된다. 광학소자로 이용하는 경우에는 그림 14-6(b)와 같이 평행광을 쪼이면 그림 14-5의 광학계와 등가한 목적을 달성할 수 있다.

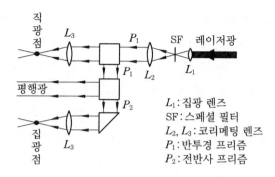

L_1 : 집광 렌즈
SF : 스페셜 필터
L_2, L_3 : 코리메팅 렌즈
P_1 : 반투경 프리즘
P_2 : 전반사 프리즘

그림 14-5 보통 광학소자에 의한 홀로그래피 광학소자 모델

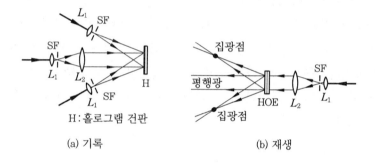

(a) 기록

(b) 재생

그림 14-6 홀로그래픽 광학소자의 기록 재생 예

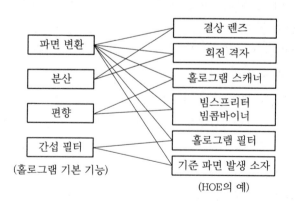

그림 14-7 홀로그램 기본기능과 홀로그래픽 광학소자의 예

이와 같은 홀로그램 소자를 홀로그래픽 옵티칼 엘레멘트(HOE; holographic opticar element)라고 한다. HOE를 만드는 법은 사진적인 방법 외에 컴퓨터로 홀로그램 패턴을 설계하여 핫 레지스트(hot resist)에 직접 전자빔으로 기입하는 방법도 있다. 그림 14-7에 HOE의 몇 가지 예를 들었다. 간섭 필터 작용은 리프만형의 홀로그램을 사용하고 있다.

(4) 홀로그래피 정보처리

홀로그래피는 일종의 사진 기술인데 물체광과 참조광으로 만들어지는 간섭 줄무늬가 공간적 반송파를 형성하고, 이 반송파의 변조로 파면을 기록할 수 있다.

홀로그래피의 가장 큰 특징은 빛의 파면 기록이 가능한 점이다. 빛의 파면이 기여하는 현상을 도중에서 중단하여 홀로그램에 기록하여 두고 필요에 따라 재개할 수 있다. 재개하는 것을 파면의 재생이라 한다.

파면을 기록한 홀로그램을 조작함으로써 영상의 연산, 다중 기록, 높은 용장(冗長) 기록 등을 할 수 있다. 또 최근 연구가 진행되고 있는 광컴퓨터용 소자로서의 이용이 기대된다.

14·4 기록 재료

홀로그래피는 간섭 줄무늬의 광강도 분포를 기록매체에 흡수율, 굴절률, 반사율, 두께 변화 등의 재료 물성 변화로 기록한다. 홀로그램 재료에 필요한 주요 조건은 감도, 해상력, 회절효율이고 또 선형성, S/N비, 내후성, 수명, 조작성도 중요하다. 감도로서는 사용하는 레이저 파장에 맞는 분광감도를 가지고, 가능한 한 고감도일 것이 요구된다. 해상력은 물체광과 참조광이 이루는 각도에 의존하는 간섭 줄무늬의 공간 주파수에 따라 결정된다.

간섭 줄무늬의 간격은 1 μm 이하, 리프만 홀로그램에서는 0.3 μm 이하가 요구되므로 1,000선/mm 이상의 높은 해상력이 요구된다. 회절효율은 1차 회절광 강도를 재생 조명광 감도로 제한 것으로, 재생 상의 밝기에 영향을 미치며 홀로그램 형성에 크게 영향을 미친다.

표 14-1은 홀로그램 형식과 회절효율의 관계를 보인 것이다. 리프만 홀로그램은 디스플레이·홀로그램의 주류를 이루는 것으로 생각되며 줄무늬 간격을 컨트롤함으로써 컬러화도 이루어지고 있다. 위상형 표면 홀로그램은 엠보스(embosing) 가공으로 대량 복제할 수 있으므로 인쇄관련 분야를 비롯하여 HOE용으로 사용된다.

홀로그램 기록재료서는 비가역적인 것과 가역적인 것이 있다. 가역재료로 현재 사용되는 것은 더머플라스틱 뿐이고 전기 광학재료에 관해서는 시험적으로 사용되는 것이 출현했다.

홀로그램 기록재료로 많이 사용되고 있는 것은 할로겐 은염 감광재료로, 고감도, 고해상력으로 높이고 표백함으로서 높은 회절효율의 위상 홀로그램으로 만들 수 있다. 그러나 은입자의 입상성(粒狀性)에 기인하는 광산란 때문에 S/N비가 나쁜 결점이 있다.

표 14-1 **홀로그램의 최대 회절효율**

홀로그램 형식		표면 홀로그램		체적 홀로그램			
				투과형		반사형 (리프만)	
		진폭형	위상형	진폭형	위상형	진폭형	위상형
회절 효율 (%)	이론값	6.25	33.9 (100)*	3.7	100	7.2	100
	실험값	6.0	32.6 (>90)*	3.0	>90	3.8	>90

* 깊은 홈

회절효율, S/N비가 우수한 점에서는 포토 폴리머가 있다. 실용되고 있는 것은 중크롬산 젤라틴과 포지형 포토레지스트, 그리고 광중합형 포토폴리머이다.

중크롬산 젤라틴(DCG)은 매우 높은 해상도(3000선/mm)와 높은 회절효율(최대 100%)을 갖고, 무입자성이기 때문에 S/N비가 좋은 이상적인 체적 위상 홀로그램을 형성할 수 있다. 그러나 그냥 그대로는 감도도 낮고 감광 파장역이 560 nm 이하여서 사용 가능한 레이저 광원이 한정된다. 또 내수성도 좋지 않은 결점이 있으므로 이러한 결점을 커버하는 여러 가지 방법이 검토되고 있다.

포토레지스트는 감광 파장역이 단파장이여서 레이저광에 대한 감도가 낮은 문제점은 있지만 미세 가공용 포지형 포토레지스트가 사용되고 있다.

회절효율 등의 특성 향상을 위해 현상액과 처리를 여러 가지로 궁리하고 있다. 최대 회절효율은 이론적으로 34%로 정하고 있으나 홈의 형상을 변화시킴으로써 100% 가까이까지 가능하다.

광중합형 포토 폴리머는 중합 반응이 연쇄반응이기 때문에 고감도화가 기대된다. 얼마 전 폴라로이드사는 홀로그램 노광 전에 약 51% RH로 흡습함으로써 He-Ne 레이저의 633 nm 광에 대하여 약 5mJ·cm^{-2}의 노광으로 80~95 % 회절효율의 투과형 홀로그램을 획득했다.

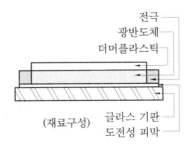

(재료구성)

그림 14-8 **더머 플라스틱 기록소자의 구조**

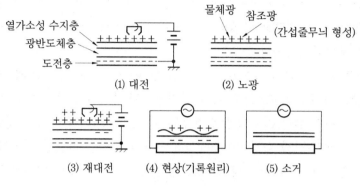

그림 14-9 **더머 플라스틱 기록의 동작 프로세스**

그림 14-8은 가역 재료로 사용되고 있는 더머 플라스틱 기록소자의 구조도이고, 그림 14-9는 기록, 소거, 재생 프로세스도이다. 기록된 홀로그램은 위상형이 되기 때문에 재생상이 밝은 특징이 있다. 회절효율은 10% 정도로 상당히 높다.

시험적으로 사용되고 있는 전기 광학재료로는 $Bi_{12}Si_{20}$ 단결정을 사용한 BSO 공간 광변조 소자 (PROM이라 약칭한다)와 네마틱액정 (nematic liquid crystal)을 사용한 액정 공간 광변조 소자 (액정 SLM이라 약칭한다)가 있다. PROM은 광 write, 광 read out이지만 광 read out 때에 밝은 빛을 사용할 수 없는 결점이 있어 실용화에는 아직 문제가 있다.

결정 SLM은 동영상 홀로그래피용으로서 시험적으로 사용되고 있으나 아직 해상력이 불충분하고 인라인에 가까운 사용법이 적용되고 있다.

그림 14-10은 홀로그래피 장치의 배치도이다. 또 표 14-2는 여기에 사용되고 있는 고해상 액정 SLM의 시방이다. 현재로서는 표시면적이 작아 디스플레이용으로 사용하기에는 불충분하나 정보처리용, 계측용으로 실용할 수 있는 가능성은 있다.

표 14-2 **고해상 액정 SLM의 시방**

표시면적	13[mm](H)×4.8[mm][V]
픽셀 수	1296(H)×480(V)
픽셀 사이즈	8[μm]
모드	passive TN
패턴 스페이스	2[μm]

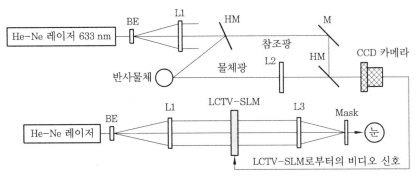

BE: 빔 엑스팬더　　L1: 코리미터 렌즈　　L2: 촬상 렌즈
L3: 결상 렌즈　　HM: 반투과 거울　　M: 거울

그림 14-10 **전자 동영상 홀로그래피장치 배치**

14·5 맺는말

홀로그래피를 실용할 수 있는 기반은 어느 정도 갖춰졌지만 아직
홀로그래피의 특성을 충분하게 활용할 수 있는 단계에는 이르지 못하
고 있다. 그 첫 번째 이유는 기록재료가 완전하지 못한 점을 들 수 있
다. 감도가 높고 완전한 컬러, 리얼타임 반복 사용성 등의 달성이 요
망된다. 두 번째는 사용 목적에 합당한 낮은 코스트의 기기가 필요한
점이다. 이를 위해서는 홀로그래피에 적합한 소형 레이저 광원, 광학
요소 부품의 공급이 요망된다. 홀로그래피는 최근에 적극적인 실용화
가 모색되어 장래 발전이 크게 기대된다(스즈키 마사네/나고야 조경예
술대학).

외야석 레이저로 벼락을 격추한다

적란운(cumulonimbus)*과 함께 여름철 하늘에 자주 발생하는 번개는 21
세기를 맞은 오늘날에 이르러서도 천재의 하나로 위세를 떨치고 있다. 번개의
정체는 거대한 정전기 덩어리인데 낙뢰하면 지상에 갖가지 피해를 주고 특히
여름철의 등산, 골프장에서의 피해, 기타 각종 송배전 설비, 통신 기기에 큰
재해를 초래하게 된다.

이 때문에 번개의 거대한 에너지를 안전한 장소에 떨어뜨리기 위해 피뢰침
등이 설치되기도 한다. 그러나 번개의 에너지는 수억 볼트로, 그 파워는 천지
를 진동시킬 정도여서 근본적인 대책을 찾기 어렵다.

그래서 등장한 것이 레이저광에 의한 유뢰(낙뢰) 장치이다. 레이저 유뢰법
은 1964년에 볼(미국)에 의해서 제안되었다. 이 레이저 유뢰법은 그림 1과
그림 2에 보인 바와 같이 뢰운과 피뢰침(유뢰침) 사이를 레이저빔으로 연결
하여 뢰운에 축적된 정전기를 방출(방전)시켜 낙뢰하기 전에 그 정전기를 중
화시키는 것이다.

이 장치에 사용하는 레이저는 그 목표가 뢰운의 정전기이므로 그에 대응하
는 거대한 에너지를 필요로 한다. 이 때문에 실용 차원의 대파워 레이저로는
탄산가스 레이저가 사용되지만 그래도 역시 파워는 부족하다.

탄산카스 레이저를 능가하는 자유전자 레이저는 아직 실험실 단계의 답보
상태이다.

따라서 현재 고려되고 있는 가장 유효한 방법은 뢰운의 정전기가 너무 강
대해지기 이전에 레이저 조사를 여러번 되풀이하여 정전에너지를 서서히 방
출시키는 방법이다.

그런데 레이저광은 전자파의 일종이므로 직접, 뢰운과 피뢰침을 연결하는
전선으로는 되지 못한다. 그래서 뢰운 속에 선상(線狀)의 플라스마를 발생시
켜, 그것을 통로로 유뢰시킨다. 플라스마는 하전입자의 집합체이므로 정전기
의 통로로는 매우 유효하다. 또 우리는 '피뢰침'이라는 용어를 많이 사용하는
데, 피뢰침을 설치하면 낙뢰는 그 피뢰침에 집중하게 된다. 즉, '뢰를 피신시
키는 침'을 뜻하는 피뢰침은 사실은 뢰를 유도하는 '유뢰침'이라 하는 것이 더
맞는 말일지 모른다.

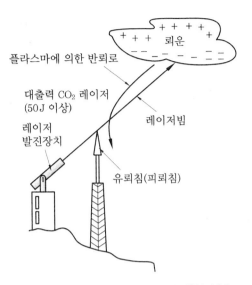

그림 1 레이저에 의한 유뢰장치(원방형)

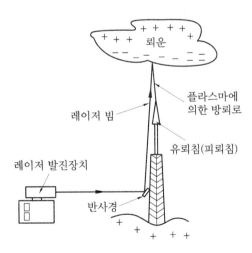

그림 2 레이저에 의한 유뢰장치(직하형)

* 적란운 : 수직으로 발달하여 적운보다 낮게 뜨는 구름으로, 위는 산모양으로 솟고 아래는 비를 머금은 물방울과 얼음 결정을 포함하고 있어 우박, 소나기, 천둥 등을 동반하는 경우가 많다.

참고문헌

1) 鈴木正根：実践ホログラフィ技術：オプトロニクス社 (1986)
2) 田幸敏治，辻内順平：レーザー100の知識，東京書籍 (1989)
3) 鈴木正根・斉藤陸行：医療診断用立体視システム，光技術コンタクト 30, 4 (1992)
4) フォトポリマー懇話会：フォトポリマーハンドブック，工業調査会 (1989)
5) Newport 社カタログ
6) 富士写真光機カタログ
7) PCT WO 85/01127：特開昭 60-502125 (ポラロイド)
8) 橋本信幸・諸川滋：液晶空間光変調器を用いた電子動画ホログラフィ，3D映像，6, 1 (1992) 4

아블레이션(ablation)

15·1 머리말

정상광(수은등, 크세논등 등)의 $10^8 \sim 10^9$ 배의 높은 휘도광을 얻을 수 있는 펄스 자외 레이저를 응축계인 고분자 재료에 조사하여 그 표면에서 고밀도의 광들뜸을 시킬 수 있다. 특히 휘도가 어느 문턱값을 넘으면 고분자 화합물의 결합 분해 반응이 폭발적으로 일어나고 분해편이 플라즈마 상태가 되어 발광을 수반하면서 초음속으로 비산되어 나가는 현상이 아블레이션이다.

고분자막에서의 아블레이션은 대출력의 자외 레이저로서 1970년대 후반에 엑시머 레이저가 개발되고 1980년대에 들어 화학 프로세싱 분야의 연구가 활발하게 시도되어 발견된 새로운 현상이었다. 최초의 발견은 포토 레지스트의 엑시머 레이저 노광 연구에서, 고휘도로 한 경우 레지스트막을 용액으로 현상함이 없이 조사와 함께 막이 에칭되는 것을 관측한 데서 였다[1].

그리고 IBM의 스리바산(Srinivasan) 등도 폴리에틸렌 테레프타레이트(PET)의 엑시머 레이저 조사에서 발견한 폭발적인 분해 반응을 'ablative photodecomposition (APD)'이라 이름붙이고[2] 상세한 연구를 시작해 폴리머 아블레이션이란 새로운 연구 분야가 전개되었다[3].

아블레이션이란 용어의 원래 뜻은 절단, 부식, 용해, 증산, 용융 등으로 절제되는 것이다. 이 현상은 금속, 무기 재료를 표적으로 한 에

칭이나 박막 작제법으로서 '레이저 에칭'과 '레이저 스파터링'이라고도
호칭되며 엑시머 레이저가 등장하기 이전인 1960대부터 적외, 가시
레이저를 사용하여 실시되었다. 하지만 엑시머 레이저에 의한 폴리머
아블레이션에 대한 기초 연구와 응용기술의 진전, 금속 산화물의 고
온 초전도체 박막 작제와 전자디바이스의 각종 프로세스, 혹은 의료
등의 연구 개발분야로 확대되어 이들의 기본이 되는 현상으로, 레이
저 조사에 의한 반응과정을 아블레이션이라 부르게 되었다. 현재 엑
시머 레이저를 사용한 아블레이션은 유기·고분자 재료 이외에도 금
속, 무기 (세라믹스), 생체물질 등 다양한 물질을 대상으로 기초와 응
용 양면에서 연구가 활발하게 진행되고 있다. 여기서는 유기·고분자
재료에 대한 엑시머 레이저 조사의 아블레이션에 관한 기초와 응용기
술을 중심으로 해설하겠다.

15·2 원리와 특징

스리바산 (Srinivasan)이 1982년에 APD라 제목한 연구 보고를 발표
한 이래 엑시머 레이저에 의한 폴리머 아블레이션의 연구논문은 수
백건이 넘고 그 연구 해석기법도 다음과 같이 다양하다[4].

① 에칭 형태의 해석 : 막두께 계측 (촉침법, 수정 진동자) 비디오카
   메라, 전자현미경
② 분해 프라그 멘트의 해석 : 발광 스트럼법, 레이저 유기 형광 스
   펙트럼법, 질량 분석법, 가스 크로마토그래피, 겔퍼미에이션법,
   시간분해 투과율 측정법, 광음향 스펙트럼 (PAS)법, 고속도사
   진법
③ 표면의 화학구조 분석·형태 : X선 광전자 스펙트럼 (XPS)법,
   자외·가시흡수 스펙트럼법, 적외 스펙트럼 (ATR·FTIR)법, 라
   만 스펙트럼법

또 대상으로 한 폴리머로는 폴리메틸메타크릴레이트 (PMMA), 폴리이미드 (PI), PET의 3종에 대해서는 매우 상세한 연구가 수행되었고 다시 수 10종의 고분자막에 대해서도 보고된 것이 있다. 그러나 아직 해명되지 못한 점도 많다. 그것은 다광자 화학과 응축계 고분자에서의 초고속 현상이란 복잡성에도 기인한다.

여기서는 폴리머 아블레이션의 근간에 관련되는 실험 데이터를 토대로 그 특징을 파악하고 아블레이션의 기본적인 모델을 이해하고자 한다.

(1) 에칭 깊이와 플루엔스의 관계

자외광 영역에 흡수대를 갖는 PMMA, PI, PET와 같은 보통 고분자막에 수 $10 \, mJ/cm^2$ 이상의 고강도 엑시머 레이저 (ArF, KrF, XeCl 등)을 조사하면 조사된 표면에서 가스가 발광을 수반하면서 격렬한 충격음을 내며 비산하는 것을 볼 수 있다 (그림 15-1).

레이저 펄스를 되풀이 조사하면 막이 조금씩 에칭되는 것도 관찰된다. 이러한 고분자 막은 내광성도 비교적 강하고, 수은등에 의한 조사에서는 눈에 보이는 변화는 상당한 오랜 시간 후가 아니면 일어나지 않는다. 또 엑시머 레이저라도 강도가 낮으면 에칭은 일어나지 않는다.

엑시머 레이저의 플루엔스 (단일 펄스 · 단위 면적당의 에너지 강도)와 1펄스당 에칭되는 깊이의 관계를 구하여 보면, 에칭이 일어나기 위해서는 일정한 문턱값이 있음을 알 수 있다. 그림 15-2는 PI에 대하여 KrF, XeCl, XeF 레이저를 조사한 경우의 플루엔스 에칭 깊이 관계도이다[5].

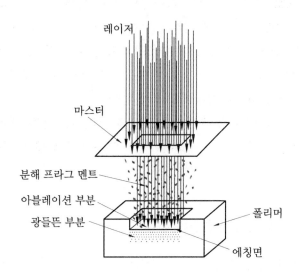

그림 15-1 폴리머 아블레이션의 모식도

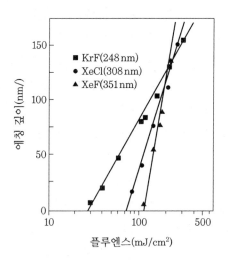

그림 15-2 PI막에 대하여 3종의 엑시머 레이저에 의한 아블레이션에서의
플루엔스-에칭의 깊이 관계(대기 중에서의 조사)[5]

여기서 1펄스당 에칭되는 깊이를 $d\,(\mu m)$, 조사 플루엔스를 F_{inc} (mJ/cm^2), 아블레이션의 문턱값을 $F_{th}\,(mJ/cm^2)$로 하면 그림 15-2 에 제시한 실험 데이터에서

$$d = (1/\alpha) \in F_{inc}/F_{th}$$

의 관계식이 성립한다. 단, α는 조사 레이저 파장에서의 흡수광 계수 이다. 레이저 폴리머에 입사되어 Beer칙에 의해 포톤이 침투하는 과 정에 대응한다. 즉, 표면에서의 깊이 X의 플루엔스 F_x는

$$F_x = F_{inc}\exp(-\alpha X)$$

로 표시되고, 지금 에칭을 깊이 x까지 시키기 위해서는 입사광이 감 쇄를 극복하지 않으면 안되므로

$$F_{inc} = F_{th}\exp(+\alpha X)$$

로 되어, 이들 식으로부터 에칭의 깊이 X는

$$X = (1/\alpha)\ \ln F_{inc}/F_{th}$$

가 된다.

그러나 그 후 각종 폴리머에 대하여 엑시머 레이저의 다양한 조건 으로 실시한 결과에 의하면, 이 관계식이 성립하는 것은 문턱값에 가 까운 플루엔스로, 에칭되는 깊이가 $d \leq 0.15\ \mu m$ 정도의 얇은 범위에 국한됨을 알았다. 또 기울기로부터의 α도 흡수 광계수로부터의 엇갈 림이 큰 편이었다. 이것은 폴리머 아블레이션이 단순한 1광자 과정에 서의 반응이 아니기 때문이다. 이제까지 획득한 실험 결과를 설명하 기 위한 몇가지 모델과 이론도 제기되었으나[6~9] 우선 아블레이션을 특징짓는 실험 결과를 소개하고 나서 다시 아블레이션의 반응기구를 해석·고찰하기로 하겠다.

(2) 분해 프라그멘트의 비산

아블레이션으로 분출하는 분해물을 직접 고속도 사진법으로 포착
할 수도 있다. 아블레이션시키기 위한 고강도 엑시머 레이저 조사로
부터 일정 시간 지연시킨 짧은 펄스의 색소레이저(예컨대 파장
596nm, FWHM < 200ps)에 의한 가시광을 광원으로하여 분해물이 비
산하는 과정이 사진으로 촬영되었다[10]. PMMA의 KrF 레이저 (플루엔
스 2.1J/cm^2) 아블레이션의 경우 12 ns 후에는 이미 폴리머 표면에서
현상이 시작되고, 펄스 말단이 도달하는 약 60 ns 후에 조사부로부터
의 가스에 의한 충격파가 최대에 이르며, 그 후 20~30 μs 후까지 미
세한 고체형 입사의 덩어리가 분출되고 있는 것이 관찰되었다.

아블레이션은 초고속 폭발현상으로 간주되지만 분해 프라그멘트는
어떻게 비산하는가. PI의 KrF 레이저 아블레이션에서 생성되는 C_2와
CN의 속도가 LIF로 측정되어 수~10 km/s 정도로 분포되는 초음속인
것이 확인되었다[11]. 또 그 속도 분포의 해석으로 Maxwell Bolzmann
분포에 의한 계산값 보다 좁은 분포가 되어, 비평형 상태에서 초고속
팽창하는 현상이라 할 수 있다. 비산하는 가스 덩어리는 플룸 (plume)
이라 하며 ±30°의 좁은 입체각의 원추형상이다.

또 PMMA의 경우에도 마찬가지로 C_2의 7 km/s로 비산하는 것이 관
측되고, 폴리머 주사슬의 한 쌍의 탄소원자로부터 유래하며 이 고속
도의 에너지를 얻기 위해서는 248 nm (=5eV)의 포톤 3개를 요하는
다광자 과정인 것이 시사된다.

PI의 경우 KrF 레이저의 248 nm와 XeCl 레이저의 308 nm 포톤의
1광자 과정에서는 어떠한 결합도 끊어지지 않는다. 그러나 아블레이
션의 문턱값 0.3 J/cm^{2}는 모노머 단위에 9개의 포톤이 흡수되는 다
광자 과정인 것을 시사하고 있다.

보통 엑시머 레이저의 펄스폭(FWHM : Full Width at Half Maximum)
은 10~20 ns이지만 PI의 경우 ArF 레이저 펄스가 발생됨과 거의 동시

에 폴리머 분해편이 비산하는 것이 레이저 유기 형광 스펙트럼 (LIF)법 (응답 속도 : ~30ns)으로도 측정되었다[12]. 단, 펄스폭의 10~100배인 수 10 μs 후까지 늦게 발현되는 성분도 확인되어 사진법에 의한 측정 결과 와 합치했다.

또 응답속도가 빠른 측정법으로, 측정 시료인 PMMA막 뒷면에 폴 리 플루오르화 비닐리덴 (PVDF) 압전소자를 밀착시켜 아블레이션으 로 발생하는 압력펄스 (순간적으로 100기압까지도 이른다)를 광음향법 으로 계측하는 기법을 이용하여 5 ns 이하에서의 솟아오름이 인정되 었다[13]. 즉, 조사 펄스가 도달함과 함께 아블레이션이 일어나기 시작 하고, 또 남는 펄스 내에서의 포톤 조사를 받아 아블레이션은 이어진 다. 따라서 단일 펄스의 레이저 조사에서 펄스 선두부의 포톤으로 아 블레이션되어 초기에 생성하는 플룸은 후속 포톤 일부를 흡수하고 있 는 것이 된다. 이 모델은 극단 펄스 엑시머 레이저를 사용해서도 확 인되었다.

펄스폭 (FWHM)이 300fs인 KrF 엑시머 레이저를 사용하여 PMMA 의 아블레이션을 검토한 결과, 보통 엑시머 레이저인 펄스폭 16 ns의 경우는 문턱값이 $500\,mJ/cm^2$였는데 대하여 $100\,mJ/cm^2$나 저하했 다[14]. 이것은 플룸에 의한 포톤의 감쇄 영향이 작아져 다광자 흡수과 정 비율이 높아졌기 때문이다.

분해 프라그멘트의 조성과 그 병진·진동에너지 상태는 비행형 질 량 분석계 (TOF-MS)를 사용하여 측정되고 있다. 분해 프라그멘트의 화학종은 조사조건에 따라 다소 다른데, 주요 폴리머의 아블레이션에 서 발견된 것을 표 15-1에 보기로 들었다. 생성하는 프라그멘트에는 모노머, 올리고머에 추가하여 C, C_2, CN, CO, HCN, CO_2 등의 원자, 소수 원자 화학종의 들뜬상태가 포함된다 (표 15-1).

표 15-1 **분해 프라그멘트의 종류**[2)]

폴리머	PMMA	PI	PET
분해 프라그멘트 (화학종)	C C_2 CN CO CO_2 MMA 올리고머	C C_2 CO_2 H_2O HCN 벤젠	H_2 CO CO_2 C_2-C_{12}화합물 벤젠 토루엔 벤즈알데히드

(3) 아블레이션의 반응기구 모델

앞에서 (1항) 아블레이션이 일어나려면 문턱값이 있고 플루엔스 에
칭 깊이 관계의 플로트에서 외삽하여 구한다는 것을 기술했다. 그렇
다면 문턱값의 실체는 무엇일까, 아블레이션의 모델을 고찰하기 위한
키포인트이다. 시초에 제시한 에칭 깊이 d와 플루엔스 F의 관계식
$d = (I/\alpha)\ln F/F_{th}$ 는 실제 메커니즘과는 관련이 없이 실험 데이터를
설명하는데 있어 Beer 법칙을 적용하여 얻은 것이었다. 그래서 직선
관계가 성립하는 것은 플루엔스가 좁은 영역에서 있고, 또 실험으로
얻은 직선의 기울기와 관계식의 $1/\alpha$와는 상이했었다. 실제 메커니즘
에서의 복잡성은 고밀도의 UV포톤이 펄스로 폴리머 표면에서 흡수되
는 과정은 동적 Lambert-Beer칙에 따르는 것이다.

$$I(t) = I_0(t)\exp\{-\alpha(t)x\}$$

여기서 조사하는 레이저 펄스의 강도 I_0가 폴리머에 흡수되어 시간
t후에 강도 $I(t)$로 되는 식이며, 흡광도 $\alpha(t)$도 1펄스폭 이내에서도
포톤 흡수에 의해 변화하는 값이다. 광흡수한 크로모파의 들뜬상태는
수명이 수 ns 이상인 것도 있으므로 후속의 포톤 조사로 포화되는 것
도 생각할 수 있다. 또 플룸이 발생하고부터는 풀룸의 흡수로 인한

차폐 효과에 의한 감쇄도 고려할 필요가 있다. 이렇게 하여 몇 개의 포톤을 흡수한 폴리머 세그멘트가 결합 개열 (開裂)하는 에너지 이상의 높은 전자상태로 들뜸되어 실활과정과 역반응을 웃도는 것이 분해하고, 또한 튀어나오는데 충분한 운동에너지를 공급할 수 있는 값이 아블레이션의 문턱 값이 된다.

또 분해과정은 전자 들뜸에 의한 광화학적 반응만이라고는 단정할 수 없다. 들뜬 과정으로부터 열적 실활과정에 의한 열분해와 고진동 들뜸으로부터의 반응 등도 포함되는 것을 고려하지 않으면 안 된다.

위의 여러 과정을 모두 고려하여 레이저 조사된 폴리머의 세그멘트에서 아블레이션 되는 것은 들뜸된 크로모파의 밀도가 문턱값을 넘은 것이 된다.

한편, 고밀도 계측기술에 의해서 문턱값을 직접 구하는 것도 연구되고 있다. 1펄스당 1A 두께 이하의 아블레이션량을 검출할 수 있는 고감도 수정진동자 미크로 천칭 (저울)을 이용한 기법으로 측정된 아블레이션의 문턱값을 통상적인 흡광계수 (저광도 흡광계수) α의 값과 함께 표 15-2에 보기로 들었다[15]. 어느 정도의 상관을 엿볼 수 있으나 단순히 α와 관련지을 수 없음을 알 수 있다.

표 15-2 **흡광계수와 아블레이션의 문턱값**[15]

레이저 파장		PS	PC	PET	PI	PMMA	PPQ
193 nm	α	8×10^5	5.5×10^5	3×10^5	4.2×10^5	2×10^3	0.28×10^3
	F_t	10	16	17	27	27	27
248 nm	α	6.3×10^3	1×10^5	1.6×10^5	2.8×10^5	65	0.16×10^5
	F_t	57	56	22	65	200	37

㊜ PS : 폴리에테르 슬폰, PC : 폴리카보네이트, PPQ : 폴리페닐렌크녹사린

PMMA는 1광자 과정에서는 300 nm 이상의 광흡수는 무시할 수 있을 정도로 낮고, 보통 수 ns펄스의 XeCl에서는 포토 아플레이션이 일어나지 않지만 160 fs 펄스의 XeCl에 의하면 문턱값이 0.2~0.3 J/cm²로 클린한 에칭이 가능하다[16]. 이것은 다광자 과정의 비율이 높아지기 때문이다.

플루엔스와 에칭 깊이가 직선식에서 벗어나는 이유로, 잠복 (incubation) 상태와 폴리머 표면의 개질도 고려해야 한다[14,17]. 보통 구한 문턱값보다 약간 낮은 플루엔스로 조사한 경우 1펄스로는 에칭이 전혀 일어나지 않고 폴리머의 감량도 측정되지 않으나 제2, 제3의 펄스 조사로 아블레이션이 시작되는 때가 있다. 이것은 폴리머 표면에서는 결합의 개열이 어느 정도 일어나 있는 아블레이션에의 잠복 상태가 형성되어 있기 때문이다.

레이저 펄스의 반복으로 에칭이 진행된 단계에서의 폴리머 표면은 최초의 표면 상태와는 달리 화학적 구조 변화와 물리적 변화가 엿보인다. 따라서 폴리머의 광흡수·분해과정은 1펄스 조사마다 상이하며 에칭 속도도 순차 조금씩 상이한 것은 당연하다.

이상 아블레이션의 구조에 관련되는 현상을 고찰하였는데, 응축계의 기질에 있어서 고밀도의 단펄수광이 조사되어 다광자 흡수해 나가는 과정과 폭발적인 분해반응이 중복해서 일어나는 복잡한 과정이고, 이것을 엄밀하게 해석하기는 매우 어렵다. 그러나 결론적으로 여기서 고려한 모델에 의해서 아블레이션의 문턱값과 에칭 깊이가 레이저 파장과 폴리머의 흡광도 (동적으로 변화하는), 펄스폭, 파형에 현저하게 의존함을 알 수 있다.

(4) 아블레이션된 폴리머 표면

폴리머 아블레이션의 연구 과제는, 전술한 바와 같이 에칭 속도 해석과 분해 프라그멘트 분석이 주제였다. 아블레이션된 폴리머 표면

상태는 어떻게 되어있을까. 폴리머 표면의 형태적 변화(몰포로지) 및
화학구조 변화를 해석하는 것도 기초와 응용 두 측면에서 중요하다.

엑시머 레이저에 의한 폴리머 아블레이션 발견 당초부터 조사한 고
분자막 표면에 고유한 미세 구조로 나타나는 것이 SEM 사진으로 발
견되었으며, 그 생성 기구에 관하여 강한 흥미를 자아내게 했다[18]. 또
메커니즘에 관해서는 아직 해명되지 못한 사항이 많다. 표 15-3은 미
세구조의 형상과 그 요인을 정리한 것이다.

표 15-3 **미세 구조와 그 생성 요인**

미세 구조의 종류	대상 폴리머	요인
원추상	결정질·비정질 배향·비배향	표면 부착물의 차폐
돌기상	결정질 배향(2축 연신)	결정질과 비정질부의 에칭 속도차
벽상	결정질 배향(1축 연신)	연신 방향의 일그러짐 조사광과 표면파 간의 간섭
회절격자상	결정질·비정질	미크로 구조
줄무늬 모양	비정질	편광

아블레이션된 폴리머 표면도 아블레이션의 문턱값 이하의 밀도이
기는 하지만 광자가 침투하는 영역까지는 적지 않은 포톤이 흡수되어
있다. 결합 개열되어도 비산되지 않은 이온과 라디칼을 함유한 분해
물이 퇴적되어 있다. 또 광흡수의 초기 과정을 거쳐 열적 완화로 인
한 온도 상승이 일어나 폴리머 용융층이 형성된다. 이 용융층이 응축
하는 과정에서 폴리머의 결정성, 연신으로 인한 열 일그러짐·내부
응력 혹은 폴리머의 미크로 구조 등의 영향을 받아 각각 고유의 미세
구조가 형성되는 것으로 추정된다(그림 15-3, 그림 15-4)[19~21].

아블레이션 전후의 폴리머 원소 조성을 XPS법으로 측정한 결과

PMMA에서는 현저한 차이가 발견되지 않았지만 PET에서는 탄소에 비하여 산소원자의 감소를, 폴리스티렌에서는 방향속의 탄소원자 감소가 확인되었다. 단, PMMA의 경우 ATR-IR법으로 크므렌 구조, $C = C = O$ (케텐), 일산화 탄소의 생성이 추정되었다[17]. 기타 다양한 변화가 추측되나 표면층 만의 미량의 화학 변화이므로 측정에 어려움이 많아 앞으로 연구 진전이 기대된다.

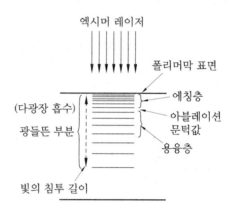

그림 15-3 폴리머 아블레이션에서의 포톤 침투와 에칭층·용융층의 구성.
광들뜬 부분의 선 간격은 광흡수의 밀도를 표시한다

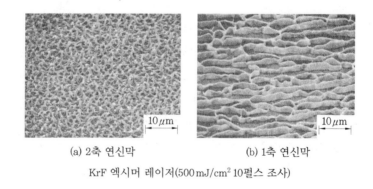

(a) 2축 연신막   (b) 1축 연신막

KrF 엑시머 레이저($500 mJ/cm^2$ 10펄스 조사)

그림 15-4 아블레이션된 폴리에티렌 2,6-나프타레이트막 표면에서의
미세구조 생성 예

15·3 응용 기술

레이저 조사(照射)가 되는 기질(타겟)이 아블레이션되는 결과 기질 자체는 분해 반응에 의한 특이적인 화학변화, 물리적 변화가 엿보인다. 한편 비산해 나가는 분해편은 활성 반응 중간체를 많이 함유하며 그 특징을 활용한 다양한 응용이 모색되고 있다. 레이저 응용 기술로서의 재료 절단·구멍내기 등의 가공기술은 이미 실용된지 오래이고, 아블레이션에 의한 분해편을 퇴적시켜 박막을 만드는 기법도 오래 전부터 응용되고 있다. 그리고 근년 고온 초전도체 분야에서도 매우 활발한 연구 개발이 진행되고 있다.

유기·고분자 재료의 경우, 정밀 가공기술과 마킹 등은 이미 실용화가 시작되었으며 더욱 새로운 응용기술의 가능성도 크다. 여기서는 실용화된 것을 포함하여 연구 개발 중인 기본적인 응용기술을 소개하겠다.

(1) 에칭

엑시머 레이저 조사에 의하면 광분해 과정이 위주이고, 열의 영향이 적은 에칭이 가능하므로 이제까지 YAG나 탄산가스 레이저로 열가공적으로 이루어져 온 에칭과는 다른 청결한 정밀가공이 가능하다. 그 특징은

① 에칭되는 부분의 단면이 샤프하고 주변에 열적 손상을 입히지 않는다.

② 미크론 레벨에서의 임의의 형상·위치 제어가 가능하다.

③ 에칭하는 두께를 높은 정밀도($\pm 0.1\,\mu m$ 정도)로 제어할 수 있다.

④ 조사 분위기는 대기 중, 감압 하, 혹은 특정한 가스 분위기 아래서도 할 수 있다.

그림 15-5는 폴리이미드막에 대하여 적외 레이저인 Q스위치 펄스 Nd : YAG 레이저 (1.06 µm), 펄스탄산 가스레이저 (10.6 µm), 그리고 KrF 엑시머 레이저로 300 µm 지름의 빔을 조사하여 얻은 에칭 결과이다[22]. 엑시머 레이저의 경우 앞의 2종의 적외 레이저에 의한 것과 비교하여 분해물의 흔적도 없고 측면은 거의 수직으로, 또 주위에는 열적인 손상이 나타나지 않아 현저한 차이가 보인다.

 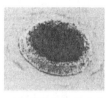 

(a) Nd : YAG 레이저   (b) 탄산가스 레이저   (b) KrF 엑시머
      (1.06µm)   (10.6µm)   레이저(248nm)[17]

그림 15-5   PI막(막두께 75 µm)에 대한 펄스 레이저빔(300 µm 지름) 조사에 의한 에칭

폴리이미드와 폴리카보네이트 등의 전자회로 부품용 고분자 재료의 정밀가공을 위해 마스크를 사용한 투영법으로 주사하는 조사장치도 실용화되었다.

열에 약한 유기·고분자 재료의 에칭에서, 엑시머 레이저 아블레이션은 특히 효과적이며, 금속, 세라믹스 혹은 복합재료의 경우에도 열 일그러짐과 크래킹이 적은 에칭이 가능하다. 그리고 생체에 대한 응용도 주목된다.

의료분야에서 외과 수술용 메스로 현재 YAG 레이저가 사용되고 있는 데 열분해에 의한 절제이기 때문에 조사 주위의 손상이 불가피하다. 그러나 엑시머 레이저에 의하면 주위 조직에 대한 열적 영향이 없이 환부만의 절제가 가능하므로 특히 안과에서 각막 수술용으로 실용화되었다.

(2) 박막 제작

아블레이션에 의한 분해편을 마주 향한 기판 위에 퇴적시켜 박막을
만드는 기법은 레이저가 재료 분야에 이용되기 시작한 1960년대 후
반부터 100여 종을 넘는 물질을 대상으로 연구되고 있다. 특히, 고온
초전도체 금속 산화물이 발견되고부터는 활발한 연구가 추진되고 있
다. 그러나 유기·고분자 재료에 대해서는 아직 연구 사례가 그리 많
지 않다.

에칭의 경우는 대기중에서도 진공 안과 비교하여 큰 차이가 발견되
지 않았지만 박막 제작에는 플룸의 비산이 억제되거나 산소의 영향
등을 고려할 때 보통은 진공 용기 안에서 실시된다.

표 15-4는 7종의 고분자막을 타깃으로 하여 파장이 다른 4종의 레
이저에 의해 아블레이션의 결과 글라스 기판에 퇴적된 막의 상태를 종
합 정리한 것이다[23].

성막성(成膜性)에 있어서 현저한 파장효과가 엿보이고 흡광계수가
큰 영역에서의 자외 레이저가 양질의 막을 얻을 수 있음이 명백하다.
단, 만들어진 박막의 분자량에 대해서는 PMMA의 경우 타깃의 분자
량이 22만 이상이였으나 만들어진 막은 조사된 레이저에 따라 다르
기는 하지만 모두 분자량의 감소를 발견할 수 있었다.

기초적으로는 각종 레이저 조사 조건에서 비산하는 프라그멘트의
종류·에너지 상태를 해석하여 성막성과 분자량의 상관을 고찰하는
것이 장래 과제이다.

응용 기술로서는 난용해성과 비열가소성 때문에 초박막화하기 어
려운 폴리머에 대한 기법으로 기대된다.

또 이종(異種) 폴리머의 혼합과 고분자 초박막에 의한 다층화로의
전개가 흥미로운 과제이다.

표 15-4   레이저 아블레이션법에 의한 폴리머 박막 제작[23]

폴리머		조사 레이저/폴리머의 흡광계수·퇴적상태·제작된 막의 RI									
		ArF (193nm)			KrF (248nm)			Nd:YAG (355nm)		Nd:YAG (106nm)	
명칭	RI	흡광계수	막성형	RI	흡광계수	막성형	RI	흡광계수	막성형	흡광계수	막성형
폴리테트라 플루오로 에틸렌	1.376	1×10^2	성형 않음	—	$<10^2$	성형않음	—	$<10^2$	—	$<10^2$	성형 않음
폴리에틸렌	1.49	5×10^2	성형 않음	—	$<10^2$	—	—	$<10^2$	—	$<10^2$	
폴리메틸메타 크릴레이트	1.49	1.4×10^{-4}	평활한 막	—	1×10^3	미분	—	$<10^2$	—	$<10^2$	미립자
나일론	1.53	4×10^4	평활한 막	1.51	$\leq7\times10^3$	평활한 막	1.52	$<10^2$	—	$<10^2$	성형 않음
폴리카보네이트	1.585	5×10^4	평활한 막	1.79	$\geq6\times10^2$	평활한 막	1.63	$<10^2$	미분/막	$<10^2$	미분/막
폴리에틸렌 테레프탈레이트	1.576	2×10^5	평활한 막	1.71	1×10^5	평활한 막	1.61	$<10^2$	—	$<10^2$	미분/막
폴리이미드	1.695	4×10^5	평활한 막	2.01	2×10^5	평활한 막	1.89	2×10^4	막	$<10^2$	미분/막

조사된 레이저 파장	만들어진 막의 분자량
1,064nm	158,000
266	10,700
248	4,020
193	28,770

주 1) RI : 굴절률. 2) 흡광계수의 단위 : cm^{-1} ; $<10^2$는 무시할만큼 작다.

(3) 표면 개질

아블레이션은 고분자막 표면에서 서서히 일어나므로 일정한 깊이에서 에칭을 멈추어 내부에는 영향을 미치지 않는 표면 개질 기술로서의 이용 가치도 크다. 또 엑시머 레이저에 의한 표면 광화학 반응과의 조합에 의한 응용도 가능하다.

전술한 10.2의 (4)와 같이 아블레이션된 폴리머 표면에는 물리적 몰포로지 변화와 화학구조 변화 등이 나타난다. 전자로부터는 광학 특성(투과율, 반사율), 분자 배향성, 접착성, 마찰특성, 인쇄성 등, 후자로부터는 친수성, 소수성, 표면 전위, 화학 반응성 등의 표면 개질 효과를 얻는다.

응용기술로서, 주기적인 격자상의 미세 구조를 형성시킨 폴리머 막의 액정 배향막으로의 응용[24], 돌기상의 미세구조를 부여함으로써 복합 재료화할 때의 접착성 향상[25], 줄무늬상 미세 구조를 형성시킨 합성 섬유의 필터로서의 여과 효율화, 표면 전위의 변화로 인한 선택적 무전해 도금,[26] 기타 친수성 부여·금속막 부착[27]과 염색성 향상 등이 검토되고 있으며 그 응용성은 다시 각종 재료 분야에서 기대된다.

15·4 장래 전망

엑시머 레이저의 개발로 유기·고분자 재료 세계에 포토 아블레이션이라는 새로운 기술이 탄생했음을 소개해 왔다. 또 이들 재료와 엑시머 레이저는 상성이 매우 좋고 매력적이란 것을 강조했다. 엑시머 레이저가 등장하기 이전에는 재료 프로세싱용 레이저라고 하면 YAG나 탄산가스 레이저가 주력이였고, 유기·고분자 재료를 가공하는 경우에도 이들 레이저를 사용할 수 밖에 없었다. 그러나 금속·무기재료와 비교하여 내열성이 떨어지는 고분자 재료에 있어서 열반응과 광반응의 차가 역연하게 나타나는 것이 확인되었다. 엑시머 레이저와

유기 · 고분자 재료의 관계를 종합 정리해 보면

① 대부분의 유기 · 고분자 재료가 엑시머 레이저의 자외광 영역에
높은 흡수를 가지며 아블레이션과 기타 반응 효율이 높고

② 공간적인 해상력이 높고, 국소장에서의 아블레이션과 미세 반응
도 가능하며

③ 광화학 반응이 위주이고, 열적 손상 · 부반응을 무시할 수 있다.

단, 자외광 영역에는 충분한 흡수가 없는 폴리에틸렌 (PE), 폴리플
로펠렌 (PP), 폴리테트라 플루오르에틸렌 (PTFE) 같은 포화결합계 구
조의 고분자 재료에 대하여 보통 XeF에서 ArF 엑시머 레이저로는 선
명한 포토 아블레이션은 일어나지 않는다. 이들 재료의 클린 에칭을
위해서는 진공 자외 레이저를 사용하여 진공 중에서 할 필요가 있다.
현재 진공 자외부에서 발진하는 엑시머 레이저로는 F_2 레이저 (157
nm)가 제품화되었으나 실용화 프로세스를 위해서는 더욱 고성능화가
요망된다.

폴리머 아블레이션이 단순한 에칭 기술로서 뿐만 아니라 박막 제조
와 표면 개질법으로서도 유용하다는 것을 몇가지 예를 들어 기술하였
는데, 그 응용은 이제 연구의 첫 단계에 불과하다. 아블레이션에 의
한 분해 프라그멘트 및 아블레이션된 재료 표면에 관한 기초 연구의
한단계 더 높은 차원의 진전이 필요함과 동시에 응용면에서의 새로운
기법의 탄생도 긴요하다 (야베아 카리/물질공학공업기술원).

참고문헌

1) K. Kawamura, K. Toyoda, S. Namba : *Appl. Phys. Lett.*, 40, 374 (1982); J. Appl. Phys., **53**, 6489 (1982)

2) R. Srinivasan, W. J. Leigh : *J. Am. Chem. Soc.*, 104, 6784 (1982)

3) R. Srinivasan, B. Braren : *Chem. Rev.*, 89, 1303 (1989)

4) 矢部 明, 森山広思, 大内秋比古, 新納弘之 : 化学技術研究所報告, 84, 401 (1989)

5) J. H. Brannon, J. R. Lankard, A. I. Baise, F. Burns, J. Kaufman : *J. Appl. Phys.*, **58**, 2036 (1985)

6) E. Sutcliffe, R. Srinivasan : *J. Appl. Phys.*, 60, 3355 (1986)

7) G. D. Mahan, H. S. Cole, Y. S. Liu, H. R. Philipp : *Appl. Phys. Lett.*, **53**, 2377 (1988)

8) R. Sauerbrey, G. H. Pettit : *Apple. Phys. Lett.*, 55, 421 (1989)

9) R. Kelly, B. Braren : *Appl. Phys.*, **B 53**, 160 (1991)

10) R. Srinivasan, B. Braren, K. G. Casey, M. Yeh : *Appl. Phys. Lett.*, **55**, 2790 (1989)

11) R. Srinivasan, B. Braren, R. W. Dreyfus : *J. Appl. Phys.* **61**, 372 (1987)

12) G. Koren, J. T. C. Yeh : *Appl. Phys. Lett.*, **44**, 1112 (1984) ; *J. Appl. Phys.* **56**, 2120 (1984)

13) P. E. Dyer, R. Srinivasan : *Appl. Phys. Lett.*, **48**, 445 (1986)

14) S. Küper, M. Stuke : *Appl. Phys.*, **B 44**, 199 (1987)

15) S. Lazare, V. Granier : *Laser Chem.*, **10**, 25 (1989)

16) R. Srinivasan, E. Sutcliffe, B. Braren : *Appl. Phys. Lett.*, **51**, 1285 (1987)

17) T. A. Znotins, D. Poulin, J. Reid : *Laser Focus*, **23** (5), 54 (1987)

18) A. Yabe, H. Niino : "Laser Ablation of Electronic Materials" 199 (Elsevier North-Holland, 1992)

19) H. Niino, A. Yabe, S. Nagano, T. Miki : *Appl. Phys. Lett.*, **54**, 2159 (1989)

20) H. Niino, M. Nakano, S. Nagano, A. Yabe, T. Miki : *Appl. Phys. Lett.*, **55**, 510 (1989)

21) H. Niino, M. Nakano, S. Nakano, A. Yabe, H. Moriya, T. Miki : *J. Photopolym. Sci. Tech.*, **2**, 133 (1989)

22) S. Küper, M. Stuke : *Appl. Phys.*, **A 49**, 211 (1989)

23) S. G. Hansen, T. E. Robitaille : *Appl. Phys. Lett.*, **52**, 81 (1988)

24) H. Niino, Y. Kawabata, A. Yabe : *Jpn. J. Appl. Phys.*, **28**, L 2225 (1989)

25) D. W. Thomas, C. F. Williams, P. T. Rumsby, M. C. Gower : "Laser Ablation of Electronic Materials", 221 (Elservier North-Holland, 1992)

26) H. Niino, A. Yabe : *Appl. Phys. Lett.*, **60**, 2697 (1992)

27) H. Hiraoka, S. Lazare : *Appl. Surf. Sci.*, **46**, 364 (1990)

용어해설

고속 광스위치 (비선형 광학 효과를 이용한)   (p.173)

3차 비선형 광학효과를 나타내는 물질은 광강도에 의존하여 굴절률이 변화한다. 이 효과를 이용하면 게이트광으로서의 ON, OFF 펄스광의 입력으로 신호광의 ON, OFF 전환을 하는 광제어형 광스위치 소자를 만들 수 있다. 유기 재료나 글라스 재료 등의 비선형 광학재료는 피코초 이하의 재료 응답 속도를 나타내는 것으로 알려져 있으며, 따라서 이 스위치 소자도 피코초 이하의 초고속 동작이 원리적으로 가능하다.

공초점 형광 현미경   (p.160)

형광 현미경의 들뜬 광원쪽, 대물 렌즈의 초점 위치에 핀홀을 두고 그 핀홈에서 들뜬광을 입사한다. 그 들뜬광은 다이크로믹 밀러로 반사된 후 대물 렌즈에 의해 시료에 집광된다. 시료의 혐광은 같은 대물렌즈로 모아져 다이크로믹 밀러를 통하여 들뜬광에 통과한 핀홀과 공초점이 된 핀홀면에 결상된다. 시료의 포커스면 이외로 부터의 형광은 핀홀면상에서 디포커스되므로 대부분 컷트된다. 그 때문에 포커스 위치의 형광만이 선택적으로 관측된다. 따라서 포커스 위치를 바꾸고 또 시료의 스테이지를 움직임으로써 보통 형광 현미경에 비해 높은 3차원 공간 분해능이 얻어지게 된다.

광쌍안정 소자   (p.173)

광소자의 입력광 강도대 출력광 강도 특성에서 히스테리시스 특성을 가지고, 그 결과 하나의 입력 강도에 대하여 두 출력 강도 상태를 갖는 것은 광쌍안정 소자라고 한다. 대표적인 것으로는 비선형 에탈론형 소자와 반도체 레이저형 소자가 있다.

동작 원리는 전자의 경우 광강도의 증가와 그에 따르는 굴절률 증가가 플러스의 피드백 루프를 형성하기 때문에 일어나고, 후자의 경우는 레이저 매질이 갖는 가포화 흡수특성이 원인으로 일어난다. 광쌍안정 소자는 고속의 광RAM 메모리로, 장래의 광신호 처리와 광교환 영역에서 중요한 디바이스가 될 것으로 생각된다.

광 파라메트릭 발생 (p.96)

비선형 효과가 큰 결정을 사용하여, 주파수가 높은 빛 ω_p(펌핑광)를 입사시켜 낮은 2개의 빛 ω_i와 ω_s를 발생시키는 것을 이른다. 3개의 빛 사이에는 에너지 보존($\omega_p = \omega_i + \omega_s$)과 운동량 보존($n_p\omega_p = n_i\omega_i + n_s\omega_s$)이 성립되지 않으면 안된다($n$은 굴절률). 이러한 조건에 의해서 비선형 결정의 입사방향이 결정된다. 결정의 입사광에 대한 각도(또는 온도)를 소인함으로써 출사광(ω_i : 아이드러광, ω_s : 시그널광)의 파장을 연속적으로 변화시킬 수 있다. 광 파라메트릭 발생으로 소인폭이 넓은 연속 파장 가변 레이저광을 얻을 수 있다.

광전자 증배관 (PMT) (p.36)

광전효과를 이용하여 광자를 전자로 변환하고 다시 그 전자수를 다단 증폭하는 2차 전자증배관. 광전음극에서 나온 광전자는 전기장에서 가속되어 2차 전자방출면(다이노드)을 두들겨 다수의 전자를 방출하지만 다시 전기장이 인가된 다단(수단~15단)의 2차 전자방출면을 거침으로써 최종적으로 $10^6 \sim 10^8$배 정도로 증폭되어 집전극(양극)에 모여 전자 흐름으로 출력된다. 광전면에는 알칼리 금속과의 화합물 반도체가 사용된다. 형상으로는 사이드온형, 헤드온형이 있다. 또 전자증폭부의 구조는 서큘러케이지형, 박스형, 라인포커스형, 마이크로채널 플레이트형(MCP) 등이 있다. MCP형은 수 μm 지름의 가느다란 관을 묶은 형상의 다이노드에 의해서 전자를 증폭한다. 이것은 우수한 시간 분해능과 빛의 상을 전자 흐름의 상으로 대치하는 특징이 있다.

굴절률의 그레이팅 (p.177)

복수의 레이저 빔이 상이한 입사각으로 동일 영역에 입사하면 간섭 줄무늬가 발생한다. 이 입사점에 3차원 비선형 광학매질 등 빛의 강도에 의존하여 굴절률이 변화하는 매질(비선형 굴절률 매질)을 놓은 경우는 간섭 줄무늬의 농도에 따라 매질의 굴절률이 주기적으로 변화하게 되어 굴절률의 그레이팅(grating)이 발생한다. 이 그레이팅에 또 하나의 레이저빔을 입사시켜, 입사빔이 회절되는 모습을 관측하여 비선형 상수나 완화시간 등의 물성효과를 측정하는 방법이 4광파 혼합법이다.

굴절률의 불규칙 변화 (p.26)

평형 상태에 있는 거시적으로 보면 균일한 계일지라도 매우 작은 영역에 주목하면 그곳의 밀도와 농도의 값은 분자의 열운동에 의해서 끊임없이 평형값을 중심으로 변화하고 있다. 이것을 불규칙 변화(fluctuating)라 한다.

밀도의 불규칙 변화는 굴절률의 불규칙 변화에 반영되고 또 용질과 용매에 같은 굴절률이지 않는 한 농도 불규칙 변화도 굴절률의 불규칙 변화가 되어 나타난다. 불규칙 변화의 거동은 상관함수를 써서 기술된다.

다중 산란 (p.120)

물체에 나온 2차파가 더욱 산란을 야기하는 현상을 다중 산란이라 한다. Raylei Ghgans 산란의 취급에서는 다중 산란은 무시할 수 있는 근사 (Born 의 제1 근사)가 포함되어 있는 사실에 주의해야 한다. 강한 산란을 발생하는 시료에서는 다중 산란이 커지고 산란은 흐려지게 된다. 이와 같은 경우 시료의 두께를 감소시키는 것이 일반적이다. 광산란 측정을 할 때는 시료에 따른 빛의 투과율을 조사하여 다중 산란이 무시할 수 있는 범위인지 여부를 확인하는 것이 바람직하다.

동적 Lambert-Beer칙 (p.242)

물질과 빛의 흡수관계식 Lambert-Beer칙에서 흡광계수가 크고 광강도가 현저하게 큰 경우와 매질이 변화하거나 상호 작용하는 경우에는 입사광 (I_0) 과 투과광 (I)의 기본칙 $I = I_0 \exp(-\alpha x)$ 는 성립되지 않는다. 고강도의 레이저를 광원으로 사용하여 그 파장에서의 흡수계수가 큰 폴리머계에서는 당초에 광흡수한 부위의 흡광계수는 변화하였고 후속 광흡수에는 시간적으로 변화하는 동적인 흡광계수 $\alpha(t)$ 로 주어져 입사광과 투과광의 관계는 시간의 함수가 되는 동적 Lambert-Beer칙

$$I(t) = I_0(t)\exp\{-\alpha(t)x\}$$

로 표시된다. 단, x 는 입사 표면에서의 거리이다.

마이켈슨 간섭계와 푸리에 변환 분광 (p.189)

1881년 마이켈슨이 고찰한 2광선 간섭계로, 두 광선 간에 임의의 광로차 (시간차)를 부여할 수 있다. 간섭 줄무늬의 가시도 측정으로 스펙트럼 선폭과 형상을 측정할 수 있다. 흡수 스펙트럼을 측정하려면 시료를 통과한 빛을 이 간섭계에 통과시켜 광로차의 함수로 간섭 줄무늬 (인터펠로그램)를 측정한다. 이 인터펠로그램의 푸리에 변환으로 흡수 스펙트럼이 얻어지며 보통 분광기에 비교하여 매우 밝고 분해능도 높다. 적외 흡수와 라만 산란에 대한 푸리에 분광기가 판매되고 있다.

12장에서 기술한 마이켈슨 간섭계로는 피에조 소자 (전왜소자)를 사용하여 한쪽 광선의 위상을 변조하고 있다. 시료를 통과한 빛의 강도에 포함되

는 변조 주파수의 2배의 성분을 검출함으로써 광로차의 함수로서 에코 신호
를 얻을 수 있다. 이 에코 신호(일종의 인터펠로그램)를 푸리에 변환함으로
써 불균일 확산이 제거된 균일한 스펙트럼을 얻을 수 있다. 단, 이 방법을
적용할 수 있는 시료는 에너지 준위에 수명이 긴, 즉 볼트네크 준위(예를
들면, 3중항 준위)가 있는 계뿐이다.

마이크로머시닝 (p.19)

일렉트로닉스, 오프티크스는 마이크로 테크놀로지의 대표적인 것으로, 외
과 수술, 화학 및 화학공업도 미소한 사이즈로 전개가 왕성하게 시도되고 있
다. 기계공학도 예외는 아니어서 마이크로미터 오더의 기계 부품을 만들거나
그 부품들을 구동시키는 영구가 관심을 모으고 있다. 이것이 마이크로 머시
닝이다. 실리콘을 중심으로 한 반도체 기술에서 종래의 기계 부품을 미소한
사이즈로 만들거나 센서 능력을 부여하여 혈관 속에 집어넣거나 단백과 근육
운동을 해석하여 새로운 구동방식을 모색하는 연구 등이 이 범주에 속한다.

불확정성 원리 (p.11)

관측과 관련되는 원리로, 일상 생활(이것은 고전역학의 세계라고도 한다)
에서는 문제가 되지 않는다. 예컨대 우리가 볼펜을 볼 수 있는 것은 빛이 펜
에 부딪치고 반사되는 상을 해석하고 있기 때문이다. 펜은 빛에 비하여 크
고 무겁기 때문에 빛의 유무에 따라 아무런 차이도 나타내지 않는다. 그러
나 펜 대신에 분자를 보면, 분자와 빛이 상호 작용할 때와 하지 않을 때와의
차이는 매우 크다. 즉, 관측 자체가 대상에 큰 영향을 주기 때문이다.

운동량을 정하려고 하면 위치를 알 수 없게 되고, 에너지를 결정하려고
하면 시간이 불확정이 된다. 이것이 원자, 분자의 세계를 지배하는 양자역
학의 불확정성 원리이다.

브래그 회절광 (p.144)

그림과 같은 일군의 평행한 격자(간격 d)군을 생각했을 때 시사각(視射角)
θ, 입사광의 파장 λ, n을 플러스의 정수로 하면 다음의 관계가 성립할 때

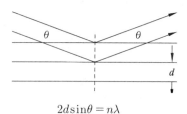

$$2d\sin\theta = n\lambda$$

각 격자면으로부터의 반사파가 같은 위상이 되어 강하게 합하므로 그 방향
으로 회절이 나타난다. 이 현상을 브래그 회절 (Bragg diffration)이라 한다.

산란광의 시간상관함수 (p.33)

물리량 A, B의 곱의 통계역학적인 평균 $<AB>$를 일반적으로 A와 B 간
의 상관함수라고 한다. A와 B가 같은 물리량인 경우는 자기상관함수라고 한다.
시간상관함수에서는 A와 B 간에 다른 시각의 값을 생각하는 $<A(t)B(t')>$,
정상 상태에서는 시간상관함수는 시간의 절대값 t, t'에 의하지 않고 시간차
$t-t'$만으로 표시되며 그 푸리에 변환은 스펙트럼 밀도를 부여한다. 산란광
(의 진폭과 밀도)의 시간상관함수는 산란체 (굴절률의 흔들림)의 시간 상관
을 반영하고 있다.

수정진동자 미크로 천칭 (p.243)

수정의 결정이 내는 고유 진동수를 이용하여 미량의 중량 변화를 관측하
는 정밀 천칭이다. 수정진동자에 중량 m(g), 면적 A(cm^2)의 박막을 부착시
켰을 때와 박막을 부착시키지 않을 때의 진동수 F_0 (MHz)에서 F (MHZ)로
변화한 경우 진동수의 시프트값 δF는

$$\delta F = -2.3 \times 10^6 F_0 \,(\text{m/A})$$

의 관계식이 성립한다. 발진기의 공진회로에 수정진동자를 사용하고 탄성
공진을 이용하여 일정 주파수의 전기진동을 발생시켜 주파수 변화를 측정한
다. δF가 1Hz인 경우에는 $17.4 \times 10^{-9} g\,cm^{-2}$의 중량 변화에 상당하므로 미소
량을 고감도로 측정할 수 있는 천칭이다.

스테퍼(stepper) (p.217)

출차 이동형 축소 투영 노광장치 · 기본적으로 광원 (엑시머 레이저 스테
퍼의 경우는 레이저), 조명계, 투영 렌즈, 알리이멘트계, 스테이지 (stage)
등으로 구성된다. 반도체 소자가 미세화됨에 따라 마스크 패턴 묘화기술이
한계에 이르러 원래의 마스크 패턴을 5배 또는 10배로 확대한 마스크
(reticle)를 작성하고 웨이퍼상에 위치 맞추기 (alignment)를 하며 축소 투영
하는 것. 0.1 μm 이하의 정밀도를 갖는 알라이멘트 기능과 투영의 일그러짐,
배율 오차에 관해서는 이 이하의 정밀도가 요구된다.

스트리크 (streak) 카메라 (p.71)

물질에서 발생하는 형광 스펙트럼, 불꽃방전 등 고속으로 일어나는 빛의

변화를 시간적으로 분해하여 계측하는 장치인데 스트리크관과 CCD 텔레비
전카메라로 구성된다. 슬리트를 통하여 입사한 수평 방향 1차원적으로 확산
된 상은 스트리크관 전면의 광전면에 조사되고, 그곳에서 발생한 광전자선
은 소인 전극에 의해 고속으로 세로방향으로 편향을 받아 전자증배를 받은 후
스트리크관 뒤쪽의 형광면에 조사되어 형광면 위에 2차원 영상이 얻어진다.
수평방향에는 스펙트럼 파장축 혹은 1차원 공간좌표축, 세로 방향에는 시
간축이 기록된다. 이 스트리크상은 CCD 카메라에서 전기신호로 변환되어
최종적으로 각종 형식의 시간분해 데이터가 컴퓨터 표시화면에 얻어진다.
시간 분해능은 최고 450펨토초에 이른다.

스펙클(spekle) 노이즈 (p.127)

지면 등의 거친 면을 레이저로 조명하여 반사한 빛을 스크린 등에 비추면
불규칙(random)하게 강도 분포를 가진 반점 모양이 나타나는데, 이를 스펙
클이라 한다. 이것은 거친 면의 각 점에서 산란된 빛이 불규칙한 위상 관계
를 가지고 간섭하기 때문에 발생한다. 조명의 광속을 오므리면 반점의 평균
적 크기는 커지고 반대로 광속을 확신시키면 스펙클은 보이지 않게 된다.
광산란 측정 때도 시료 안에 산란체가 불규칙하게 존재할 때 산란체 내부
구조에 따른 산란이 겹쳐 산란체 상호의 불규칙한 간섭으로 인한 스펙클 패
턴이 (측정에 있어서는 일종의 노이스로) 관측된다.
반대로 시료의 변위나 변형이 스펙클 패턴에 강하게 영향을 미치는 점을
이용하여 스펙클을 그 계측에 이용하는 경우도 있다.

스피노달 분해 (p.114)

예컨대 1상상태와 2상상태가 존재하는 2성분 고분자 혼합계에서 열역학
적으로 안정된 균일 혼합상태에서, 온도 등을 갑자기 바꾸어 열역학적으로
불안정 상태로 옮기면 안정된 2상 상태로의 이행(移行), 즉상 분리가 진행
된다. 상도에서 2상 영역은 혼합의 깁스 자유에너지-조성곡선의 두 변곡점
을 경계로 바깥쪽은 준안정 영역, 안쪽은 불안정 영역으로 나누어진다. 불
안정 영역에서는 어떤 작은 조성 흔들림에도 자유 에너지가 작아지고, 이
영역의 상분리는 스피노달(spinodal) 분해에 의해서 진행된다.
스피노달 분해에서는 처음에는 지배적인 조성 흔들림(fluctuation) 파장
은 시간에 상관없이 일정하고, 흔들림의 진폭이 지수함수적으로 성장한다.
그 후에 파장과 진폭이 함께 성장하고, 진폭이 최종 조성에 대응하는 평형값
에 이르면 도메인(domain) 사이즈가 성장하여 최종적인 2상 상태가 된다.

시간분해 형광 마이크로 프로브법 (p.160)

검출 위치에 대하여 마이크로미터 오더의 3차원 공간 분해능을 가진 시간
분해 형광 측정법을 이른다. 공초점 형광 현미경의 들뜬 광원으로 펄스 레
이저를 사용하여 시간상관 단일 광자계수 시스템으로 시간분해 형광측정을
하면 마이크로미터 오더의 3차원 공간분해 · 시간분해 형광측정이 가능하여
본 프로브법이 된다.

형광 현미경 아래서 전반사 시간분해 형광측정을 한 경우 공초점 형광현
미경에 비해 공간 분해능은 낮지만 이 경우도 본 프로브법이라 할 수 있다.

시간상관 단일 광자계수 시스템 (p.153)

높은 주파수에서 발광하는 펄스광을 시료에 쪼여 형광을 광전자 증배관으
로 검출한다. 이때 몇 10회의 펄스광 조사로 형광의 광자가 1개 검출되는 조
건으로 한다. 펄스 광원에 동기한 전류 펄스와 형광의 광자를 광전자 증배
관이 검출했을 때의 전류 펄스 간의 시간상관을 관측하는 시스템을 이른다.
가로축은 광원이 빛나고나서 형광의 광자가 1개 검출되기까지의 시간차에
비례하고 세로축은 그 시각에 광자가 검출되는 확률, 즉 그 시각의 형광밀
도에 비례하므로 펄스광원을 수 100만회 이상 빛나게하므로서 얻는 히스토
그램 (예 : 그림 10-3)은 그대로 형광 강도의 시간 변화를 표시하게 된다.

아스펙트비 (aspect ratio) (p.209)

직사각형 구조의 가로, 세로비를 이른다. 레지스트 패턴을 직사각형으로
간주한 경우 세로는 막 두께를, 가로는 패턴 치수를 각각 표시한다. 예를 들
면, 막두께 $1\,\mu$m의 $0.25\,\mu$m 패턴은 아스펙트비 S가 된다. 즉, 고해상성 레
지스트는 높은 아스펙트비를 갖는다고 할 수 있다. 또 일반적으로 직사각형
에 가까운 패턴은 높은 아스펙트비를 갖는다고 할 수 있다.

액정 공간 광변조 소자 (액정 SLM) (p.230)

액정 공간 광변조 소자는 전기장 광특성을 이용한 광부품이다. 전기장을
가한 부분과 가하지 않은 부분 간의 편광특성이 다른 점을 이용한다.

액정 SLM의 구조는 콘트라스트, 해상도, 계조표시 성능 등에서 우수한 아
몰퍼스 실리콘 박막 트랜지스터를 스위칭 소자로 사용한 액트브 매트릭스형
패널구조이고, 56.6×42.7mm^{2}의 표시면적 안에 $89(v) \times 87(h)$ 피치로
480×640 화소가 형성되어 있다.

대향 전극상에 크로뮴에 의한 블랙 스트라이브를 형성하고 있으며, 이것이
결정 SLM의 개구율이 된다. 스위칭 소자와 대향 전극간 안에 네가형 트위스트

네마틱 액정이 샌드위치되어 있다. 스위칭 소자에 의해서 정보가 입력된다.

에바네센트파 (p.19)

굴절률이 큰 물질에서 작은 물질로 빛이 진행할 때 어떤 값보다 큰 각도로 입사하면 빛은 전반사된다. 빛은 굴절률이 작은 물질 쪽에 들어가지 않을 것으로 생각되지만 전자기학적으로 보면 빛은 파장오더 만큼 약간 스며들어 있다. 그 스며듦의 깊이는 빛의 파장, 두 물질의 굴절률, 입사각도에 따라 결정된다. 이 스며드는 빛은 에바네센트파라고 하며, 표면층 및 계면층 해석과 광반응의 유기 등에 사용된다.

엑시머 레이저 (p.202)

레이저의 동작매질이 엑시머이고, 최초의 발견은 Xe_2 엑시머였다. 그러나 현재 일반적인 장치로는 희가스 하라이드 헤테로 엑시머 (엑사이플렉스)를 사용하는 경우가 많다. 성분의 혼합 가스를 방전 또는 전자빔을 조사하여 생성하는 엑시머로부터의 유도방출이 자외 또는 진공 자외역의 레이저로 펄스 발진된다. 대표적인 것으로는 ArF $(193\,\mu m)$, KrF $(248\,nm)$, XeCl $(308\,nm)$, XeF $(351\,nm)$ 등이 있으며, 펄스폭은 수 $10\,nm$로 첨투 출력이 크고 반복 주파수도 높으므로 화학반응과 재료 가공용에도 이용된다.

엑시머 (p.57)

들뜬상태의 분자가 기저상태의 같은 종의 분자와 상호 작용하여 들뜬상태에서만 안정된 2량체 (들뜬 2량체, exeited dimer excimer)를 형성한 것이다. 기저 상태에서는 동종 분자 간에 상호 작용이 없고, 그 2량체 기저상태의 포텐셜은 해리형으로 되어 있다. 그 때문에 엑시머는 모노머 현광보다 장파장측에 진동구조가 없는 브로드한 형광 (엑시머 형광)을 나타낸다. 필렌 용액에 대하여 최초로 발견되고 그 후에 많은 방향족 분자에 대해서도 그 생성이 확인되었다.

역 라플라스 변환 (p.138)

구간 $(0, \infty)$에서 지금 $\varphi(t)$라는 함수가 있다고 하면 $\varphi(t)$에 대하여 다음으로 표시되는 식

$$L(s) = \int_0^\infty e^{-st}\varphi(t)dt \quad\text{.. (1)}$$

혹은 $\varphi(t) \rightarrow L(s)$로의 변환을 라플라스 변환 (Laplace transforation)이라

한다. 그 역환, 즉 $L(s) \to \varphi(t)$를 역라플라스 변화이라 하고, 실측값이 변수 s의 함수로 표시되어, 구하고자 하는 함수 $\varphi(t)$가 $L(s)$에 대하여 식(1)의 관계가 성립할 때 역라플라스 변환함으로 $\varphi(t)$를 구할 수 있다.

열렌즈 효과 (p.49)

분자를 진동 혹은 전자 들뜬 상태로 광들뜸하면 그 분자는 무복사적으로 혹은 빛을 방출하여 실활한다. 무복사 과정에서는 들뜬 에너지는 용매의 열로 변환되어 온도가 상승한다. 그 때문에 액체의 밀도가 공간적으로 불균일하게 되고 굴절률이 부분적으로 변화함으로 인하여 렌즈 작용을 일으킨다. 지금, 광강도가 가우스형인 들뜬 광빔을 사용하여 분자를 들뜨게 할 때 많은 물질에서 굴절률의 온도 변화가 마이너스이기 때문에 광축에 가까울수록 굴절률은 작아져 오목 렌즈의 작용을 한다. 따라서 빛은 확산되지만 그 비율은 방출되는 열의 크기에 비례한다. 응용으로는 빛이 확산되는 전도와 속도를 측정함으로써 무복사 천이의 비율과 실활 속도를 구할 수 있다.

열파 현미경 (p.141)

제9장에서 소개한 광음향 효과를 들뜸원으로 마이크로 빔화하여 빔 혹은 시료를 2차원적으로 주사하면 광음향 이미지가 가능하다. 이 현미경은 들뜸원으로 빛이나 전자를 사용할 수 있으며 1982년 무렵부터 출현하여 주로 반도체 재료 평가에 쓰이게 되었다. 들뜸원과 물질의 상호 작용으로 발생한 열의 생성과정 및 생성에 요하는 위상 뒤짐을 신호원으로 하여 그것을 영상화하는 것인데 열파 현미경이라고도 한다.

위상형 표면 홀로그램 (p.228)

홀로그램에는 진폭형과 위상형이 있고, 형상으로는 표면 홀로그램과 부피 홀로그램이 있으며 그 조합으로 진폭형 표면 홀로그램, 위상형 표면 홀로그램, 진폭형 부피 홀로그램, 위상형 부피 홀로그램이 있다. 진폭형은 간섭 줄무늬 패턴을 투명부·불투명부의 패턴으로 기록하는 것이고 위상형은 위상변호가 상이한 패턴으로 기록하는 것이다. 또 표면 홀로그램은 기록층 표면을 이용하는 것이고 부피 홀로그램은 기록층 내부까지 부피로서 기록하는 것이다. 진폭형은 불투명부가 있기 때문에 빛의 손실이 크다. 위상형은 광손실이 없다. 부피 홀로그램은 블랙 회절격자로 리프만 홀로그램 작성에 사용된다. 프레셀, 이미지, 레인보우 홀로그램 등 보통 홀로그램 작성에는 밝은 재생상을 얻기 위해 보통 위상형 표면 홀로그램이 사용된다.

자기 위상변조 (p.101)

광펄스 $(I(t))$가 물질 안을 통과할 때 높은 광전기장에 의해서 고차의 굴절률 변화 $(n = n_0 + n_2 I(t))$를 받는다. 이로 인해서 빛의 위상 $\phi = \omega nl/c$ (ω : 각주파수. l : 매질 길이, c : 광속)이 변조를 받는다. 순시 주파수 $(\Delta\omega)$는 위상의 미분이므로 $\Delta\omega = d\phi/dt$, 펄스시간 안에 광주파수가 변화한다 (chirping). 이것을 자기 위상변조 (self phase modulation)라 한다. 피코초나 펨토초 펄스를 물질에 집광하면 백색광 (가시부 전연을 커버하는)이 발생하는 경우가 있다. 이 빛은 초고속 흡수분광법에서 분광 광원으로 사용된다.

전자격자 상호작용 (p.200)

고체 속의 불순물 이온 혹은 분자의 스펙트럼 형상은 전자의 2준위계와 고체 호스트의 상호작용으로 이해할 수 있다. 기본적으로 포논계를 조화 진동자로 가정하고 기저상태와 들뜬상태의 단열 포텐셜을 구사하여 그 상호작용을 설명한다. 상하 준위의 포논 진동준위의 양자수를 각각 v, v'로 할 때 광학 스펙트럼에 나타나는 $v = v'$의 천이를 제로 포논선 (ZPL), $v \neq v'$의 천이를 포논 사이드 밴드 (PSB)라고 한다.

실제 물질에서는 여러 종류의 포논이 있기 때문에 $v \neq v'$의 천이는 중첩하여 밴드를 만들므로 이런 이름이 쓰인다. 기저상태와 들뜬상태의 포논주파수가 같다고 하면 $v = v'$의 천이는 모두 동일한 천이 주파수를 가지므로 제로 포논선은 δ함수의 스펙트럼을 나타내게 된다 (1차의 전자격자 상호작용). 이 때 흡수강도 중에서 제로 포논선이 차지하는 비율 (이를 DebyeWaller 인자라고 한다)은

$$\alpha = \exp(- S_1 \coth h\nu/2kT)$$

로 표시된다. 여기서 ν는 포논의 주파수, S_0은 Huang-Rhys인자이다. Huang-Rhys 인자는 프랭크·콘돈 (Frank-Condon) 천이 후 몇 개의 포논을 방출하여 들뜬상태의 바닥으로 옮겨가느냐를 나타내고 있으며 형광의 스토크스 시프트 (stockes shift)와 관계가 있다.

코히어렌트광 (p.220)

흑체 복사·방전 발광·화학발광·형광발광 등에 의해서 획득되는 빛을 자연광이라 하며, 자연광은 광입자적 측면과 광파적 측면을 가지고 있다. 광전현상을 설명하려면 광입자로 설명하는 것이 편리하고, 수면에 뜨는 오일의 박막·비눗방울 박막의 간섭색을 설명하려면 광파로 설명하는 것이 편

리했다. 이 광입자설과 광파설을 통일하는 방편으로 광량자설이 제안되어 두 설 모두에 대하여 설명할 수 있게 되었다. 광량자란, 빛은 매우 짧은 파동이고, 각 파동의 위상간에는 관련성이 없이 각개 광원으로부터 방출되고 있다. 따라서 간섭성이 약하다. 이에 비하여 유도방출에 의해서 발광하는 레이저광은 연속된 광파로 간섭성이 우수하며 이제까지의 자연광과는 달리 집광성, 직진성이 뛰어난 광이다. 이처럼 가간섭성이 양호한 광을 코히어런 트광이라 한다.

코히어렌스 길이 (고조파 발생 등에서의) (p.181)

물질 안에서 제2고조파 발생 (SHG) 등의 파장 변환효과가 일어날 때 효과가 일어나는 시점에서의 고조파 (발생광) 위상은 기본파 (입사광)와 동일하다. 그러나 일반적으로 두 파의 굴절률이 다르기 때문에 물질을 전파함에 따라 고조파 위상은 기본파 위상에 대하여 엇갈림이 생긴다. 이 위상의 엇갈림이 알맞게 π가 되는 거리를 고조파 발생에서의 코히어렌스 길이 (보통 적외의 SHG에서 수~수10 μm)라고 한다. 따라서 SHG 등의 과정에서 매질의 길이가 코히어렌스 길이보다 짧은 동안에는 고조파는 중첩되고 강도는 길이와 함께 증가하지만 코히어렌스 길이를 넘으면 반대로 감소하게 되어 결과적으로 SHG 강도는 길이에 대하여 정현파상의 함수가 된다. 또 실용적인 SHG 소자에서 위상 정합조건이란 이 코히어렌스 길이를 무한으로 하는 것과 등가하다.

콘볼루션 연산 (p.127)

함수 $f(x)$, $g(x)$에 대하여 $f * g = \int_{-\infty}^{\infty} f(x-y)g(y)dy$로 정의되는 것을 콘볼루션 (convolution)이라 한다. $f * g$의 푸리에 (또는 라플라스) 변환은 f와 g 각각의 푸리에 (또는 라플라스) 변환의 곱이되는 중요한 성질이 있다. 위의 식을 2차원으로 확장한 2차원 콤볼루션은 영상처리분야에서 많이 사용되며, 공간주파수 필터링이라고도 한다.

예를 들면, g로서 어떤 크기의 정사각형 부분만을 1로 하고 다른 부분을 0으로 한 것과 원영상의 f의 콤볼루션을 생각한다. g의 푸리에 변환은 원래의 정사각형 사이즈에 대응하는 공간주파수보다 큰 주파수 영역에서는 0에 가깝게 되므로 g는 공간 주파수에 관한 저역통과 필터가 되어 영상을 평활화시키는 효과가 있는 것을 알 수 있다. g의 함수형에 따라 영상 선예화와 윤곽 추출에도 이용할 수 있다.

탄성파 (p.142)

일반적으로 고체를 전파하는 파동을 탄성파라고 한다. 탄성파는 체적 탄성에 의해서 일어나는 세로파와 스태거(stagger) 탄성에 의해서 일어나는 가로파가 있다. 고체 표면에 일어나는 표면파는 탄성파의 특수한 파라 할 수 있다.

트와이만 간섭계 (p.222)

완전 참조파면과 피검파면을 간섭시켜 피검면, 피검 광학계의 성능을 측정하는 장치를 트와이만 간섭계(Twyman interferome)라 한다.

단색광 광원(최근에는 주로 레이저가 사용된다)을 점상(點狀) 광원으로 하고 콜리머터(collimator) 렌즈에 의해서 평행광속(평면파)을 발생시켜 완전 평면 반투과경 혹은 반투과 프리즘에 입사시켜 두 광원으로 나누어 하나를 완전 기준 평면에 입사시켜 반투과면으로 되돌린다. 다른 하나의 광속은 피검면 혹은 피검 렌즈 등 광학계에 입사시켜 피검면 혹은 피검 광학계의 광파면 정보를 입력하여 반투과면에 되돌린다. 기준면의 광속을 참조파면으로 하고, 이 파면과 피검 파면이 반투과면에서 간섭하여 간섭 줄무늬를 발생시켜, 이 간섭 줄무늬 정보를 함유한 광속을 반투과면에서 끌어내어 피검 파면을 해석함으로써 피검면의 형상, 피검 광학계 성능을 평가한다.

파동벡터의 위상정합 (p.177)

복수의 빛이 입사하여 일어나는 각종 광과정에 대해서도 에너지 보존칙과 파동벡터 보존칙이 성립한다. 예를 들면, 2차의 비선형 광학매질 안에서 일어나는 SHG 등의 합주파수 혼합과정에서는 발생하는 제3의 빛의 진동수는 두 빛의 진동수의 합과 같고 (에너지 비존칙) 파동 벡터 $(2\pi n_i / \lambda_i)$에 대해서도 보존칙이 성립되어 있다 (n_i, λ_i는 각 광에 대한 굴절률과 파장을 표시). 이 조건으로 위상 정합조건이 부과되게 되고, 굴절률 정합, 온도 정합, 각도 정합 등의 기법이 구사된다. 이 조건을 만족시키지 못한 경우에는 합주파수 발생과정은 일어날 수 없다.

표면파 (p.146)

매질의 표면 혹은 계면을 따라 전파되고, 매질 내부에서는 표면(계면)에서 깊이 방향으로의 거리와 함께 감쇄하는 파장을 표면파라 한다. 지진파는 진원지가 깊지 않을 때 원방에서는 레일리파(Rayleigh wave)라고 하는 세로파와 라브파라고 하는 가로파의 표면파가 존재한다는 것이 많이 알려져 있다.

프랙탈 구조 (p.194)

프랙탈 (fractal)이란, 특징적인 길이를 갖지 않는 도형, 구조, 현상 등의
총칭이다. 프랙탈의 특징은 자기 상사성을 갖는 것으로서, 그 뜻은 생각하
고 있는 도형의 일부분을 확대하여 보면 전체와 같은 형이 되는 것이다. 그
구조를 특징짓는 파라미터가 프랙탈차원 D이고, 일반적으로 비정수의 값을
취한다.

예를 들면, 반지름 r의 볼 속에 들어 있는 프랙탈 구조 요소의 전질량은
r^D로 된다. 프랙탈계 고유의 국재 들뜬 진동상태는 프랙톤이라 하고, 그 상
태밀도는 $\omega^{\bar{d}-1}$ 칙을 표시하고 있다 한다. 이 $\bar{d}$를 프랙톤 차원이라 한다. 디
바이 포논의 상태 밀도가 $\omega^{\bar{d}-1}$ (이 $\bar{d}$는 유크리드 차원)에 따르므로 프랙탈
계의 상태 밀도에는 포논, 프랙톤, 크로스오버가 나타나기 마련인데, 라만
산란과 중성자 산란 스펙트럼에서 관측되고 있는 보손 피크가 이 크로스오
버에 대응하는 것이 아닌가 생각된다.

프랙탈 차원 (p.83)

어떤 물질량을 Q, 예를 들면 밀도, 질량 등에서 문제로 하는 스케일 s의
크기를 2배하여 rs로 했을 때

$$Q(rs) = r^{-\bar{d}} Q(S)$$

가 되는 관계가 있을 때 이 구조는 프랙탈이라 하고, 프랙탈 차원 $\bar{d}$가 다음
과 같이 정의된다.

$$\bar{d} = \frac{d(\log Q(rs))}{d(\log r)}$$

프랙탈 차원 $\bar{d}$는 일반적으로 정수는 아니다. 이 식이 의미하는 바는, 만
약 프랙탈 차원이 2.0이라고 한다면 그 분포는 2차원 평면에서 랜덤 균일하
게 분포되어 있으며, 스케일의 s에서 rs로의 변환에 대하여 밀도는 $1/r^2$로
되어 우리에게 있어 익숙한 유크리드 차원과 일치한다. $\bar{d}$가 0.2보다 작을
때는 분포는 균일하지 않고 위의 식으로 표시되는 상관을 가지고 분포가 치
우쳐 있음을 나타낸다.

하한 임계 공용온도 (LCST) (p.80)

고분자 용액의 큰 특징 중의 하나는 온도를 높혀서 고분자가 용매에 녹아
균일한 상 (相)으로된 후, 더욱 높은 온도에서는 상분리를 일으켜 다시 불균
일한 상이 나타나는 점이다. 농도와 온도에 관한 상도에는 저온 영역에 고

온 용해형, 고온 영역에 저온 용해형의 용해도 곡선이 그려진다. 이것은 공존곡선 혹은 쌍교곡선이라 한다. 또 전자의 곡선에서 가장 높은 온도점을 상한 임계 공용온도(UCST), 후자의 곡선상에서 가장 낮은 온도점을 하한 임계 공용온도(LCST)라 한다. LCST의 존재는 자유 부피에 따른 엔트로피 효과에 의해서 설명된다.

회절효율 (p.230)

회절격자에 평행광을 입사시키면 회절격자에 영향을 받지 않고 직진하는 평행광과 격자의 영향을 받아 격자의 피치에 따른 격자상수에 부응하여 회절하는 평행광이 발생한다. 회절 정도는 평행광의 파장, 격자상수에 따라 결정된다. 회절격자에 입사시키는 빛의 강도 I_0에 대한 회절광의 강도 I_d의 비율을 회절효율이라 정의하고, 회절효율은 다음 식으로 나타낸다.

$$\eta = I_d / I_0 \times 100 \, [\%]$$

홀로그램은 간섭 줄무늬 기록이고, 간섭 줄무늬의 피치는 1 mm당 300선 내지 1000선 정도이다. 재생하는 경우에는 회절격자로 작용하고 홀로그램으로부터 상 재생에 기여하는 것은 회절광이며 회절광의 강도가 재생상의 밝기가 된다.

BSO 공간 광변조 소자 (p.230)

BSO을 프리즘 형상으로 가공하여 양단에 전계를 충전한다. BSO에는 광전도 효과가 있으므로 결정에 빛이 쪼여지면 광전자가 흡수되어 전자가 들뜨게 된다. 들뜬 전자는 전계에 의해 드리프트하고 그 결과로 남겨진 홀에 의해 조사패턴에 대응한 공간 전하분포가 형성되고, 그에 부응한 공간 굴절률 분포가 형성된다. 이 조사 패턴으로 물체광 참조광으로 발생하는 간섭 줄무늬 패턴을 취하면 위상형 홀로그램을 기록할 수 있다. 기록 광원으로는 청색 혹은 녹색 빛을 내는 아르곤 레이저를 사용한다. 재생에는 기록된 홀로그램을 소거하지 않도록 광도전효과가 작은 붉은 빛을 내는 He-Ne 레이저를 사용한다.

Mie 산란 (p.116)

1908년에 Mie는 균질한 구에 의한 평면파의 산란을 맥스웰의 방정식을 엄밀하게 적용하여 시초로 정식화했다. 온갖 물체의 광산란은 원리적으로 Mie가 행한 것처럼 맥스웰 방정식을 산란체에 대응한 경계조건을 바탕으로 엄밀하게 해석함으로써 기술할 수 있다. 하지만 보통 조우하는 광산란은 다루기가 보다 쉬운 Bayleigh-Gans의 조건이 성립되어 있는 경우가 많다. 일반적으로 Mie 산란이란, 그와 같은 간단화된 취급이 불가능한 현상, 예를 들면 큰 산란체로부터의 산란이나 굴절률 차가 큰 부분이 있는 시료 등에 의한 산란현상을 가리키고 있다.

Rayleigh-Gans 산란 (p.116)

산란체를 구성하는 임의의 미소 부분이 Rayleigh 산란을 발생하고, 산란파의 위치나 상태 및 진폭은 다른 부분을 통과하는 중에 흐트러지지 않는다. 그저 각 미소 부분의 상대적인 위치 차이로 일어나는 위치와 상태의 어긋남에만 간섭하여 관측되는 산란광이 되는 산란 현상을 말한다. 바꿔 말하면 물체의 내부 구조 정보가 비교적 단순한 형태로 산란에 반영된다는 것이며, 구조 연구에 있어 유용하다. 이런 취급이 성립하기 위해서는 산란체와 매체 간의 굴절률 차와 산란체의 크기에 관한 일정한 조건이 성립되어야 한다.

2차원 아핀 변환 (p.128)

아핀 변환(affine deformation)이란 원래 수학에서 쓰는 용어이지만 도형처리나 영상 처리에서 쓰는 2차원 아핀 변환은 도형을 임의의 방향으로, 확대·축소와 회전, 반전, 평행 이동 등의 좌표 변환 조작을 뜻한다. 이러한 좌표 변환은 좌표 변환 매트릭스를 원도형에 적용시켜서 하는 것인데 여러 개의 단위 변환을 순차 실행하는 것은 각 변환 매트릭스를 순번대로 교합(交合)하여 구성되는 변환 매트릭스를 원형도에 적용시키는 것과 동등하다. 따라서 도형을 그릴 때는 좌표를 변환할 때마다 변환 매트릭스를 갱신해 나가고, 묘화를 실행할 때 그 시점의 변환 매트릭스와 원도형 기술에 의해서 묘화하는 좌표(디바이스 좌표)를 계산하는 기법이 이용된다.

┃찾아보기

레이저 응용 기술

2014년 1월 10일 인쇄
2014년 1월 15일 발행

저　자 : 마스하라 히로시 외 12인
편역자 : 과학나눔연구회 정해상
펴낸이 : 이정일

펴낸곳 : 도서출판 **일진사**
　　　　www.iljinsa.com
140-896 서울시 용산구 효창원로 64길 6
전화 : 704-1616 / 팩스 : 715-3536
등록 : 제1979-000009호 (1979.4.2)

값 14,000 원

ISBN : 978-89-429-1370-1